工业园区能源循环梯级利用技术及应用

虞昉　吴彬锋　等 编著

中国电力出版社
CHINA ELECTRIC POWER PRESS

内 容 提 要

本书针对有梯级利用能力的工业园区综合能源系统，提出综合能源系统经济规划建设、高效调度运行的运营策略与优化方法，以及能量梯级利用的优化运行策略，为工业园区综合能源系统进一步建设、推广、应用提供技术支持。本书完善能源“品位划分”机制和工业园区的能源需求，在能量梯级利用理论指导下，使综合能源系统尽可能发挥其高效供能的优势。

本书分为六章，包括气、电、热能源品位划分方法，工业园区能源需求及典型用能行为，工业园区综合能源梯级利用供应策略，典型场景多能协同优化运行模型，传统工业园区多能综合利用案例，新兴信息化数据中心园区多能综合利用案例。

本书可供能源电力行业专业技术人员以及科研院所相关专业的学者、师生等阅读。

图书在版编目（CIP）数据

工业园区能源循环梯级利用技术及应用/虞昉等编著. —北京：中国电力出版社，2024.4
ISBN 978-7-5198-8318-8

Ⅰ. ①工… Ⅱ. ①虞… Ⅲ. ①工业园区－能源综合利用－研究 Ⅳ. ①TK019

中国国家版本馆 CIP 数据核字（2023）第 226302 号

出版发行：中国电力出版社
地　　址：北京市东城区北京站西街 19 号（邮政编码 100005）
网　　址：http://www.cepp.sgcc.com.cn
责任编辑：杨　扬（010-63412524）
责任校对：黄　蓓　马　宁
装帧设计：王红柳
责任印制：杨晓东

印　　刷：北京雁林吉兆印刷有限公司
版　　次：2024 年 4 月第一版
印　　次：2024 年 4 月北京第一次印刷
开　　本：710 毫米×1000 毫米　16 开本
印　　张：9
字　　数：115 千字
定　　价：58.00 元

主　　编　虞　昉

编写人员　吴彬锋　张　威　赵　萍　胡秋生
王荣根　吴文俊　范素丽　徐　璟
陈俊仕　梅明星　章晓丽　黄　剑
沈丹涛　李　越　徐煊斌　詹子仪
张智涛　章寒冰　叶吉超　张　静
李　昊　刘　畅　陈思哲　许方园
叶子强　应彩霞　张亦晗　徐晨阳
谢天佑　郑　华　吴志华　汪　力
方良军　杨世旺　吴萍萍　赵心怡
孙研缤　陈　溪　金梅芬　吴红丹
郭　磊　吴凌云　李小凯　罗海斌
吕易佳

前言

近年来，我国政府大力支持并鼓励开发、利用清洁能源，推广分布式可再生能源建设，让传统能源回归至基础产能的地位上；推动综合能源系统的建立，通过能源系统互联，灵活运用、互补互济，使得各类能源的优势尽可能得到利用，更大程度上实现了各类能源的经济、高效运用，并通过各类能源的灵活转换，更好地对随机性较强的可再生能源进行消纳；以能量梯级利用理论为基础，更高效地实现不同能源转换利用。

但是，当下人们对于能源的特性仍存在认识不足，在能源的综合利用上仍缺乏经验，在能源负荷类型多样、能源消耗量较大的区域中，难以显示出综合能源系统经济性、高效性的突出优势。只有综合、全面地考量能源的“质与量”，对以电、热、气为主的多种能源进行能源品位划分，在能源—负荷两侧形成“品位对口、梯级利用”的综合能源利用模式，才能更经济地实现多种能源的供应，更高效地实现不同能源的转换利用。

本书编写的目的就是为建立有梯级利用能力的工业园区综合能源系统提出囊括工业园区综合能源系统经济规划建设、高效调度运行的运营策略与优化方法，为工业园区综合能源系统的进一步推广应用提供支持；提出高效的综合能源系统能量梯级利用优化运行策略，为新形势下综合能源系统的发展建设提供技术支持。本书完善能源“品位划分”机制和工业园区等重点建设对象的能源需求，在能量梯级利用理论的指导下，使得综合能源系统尽可能发挥其高效供能的优势。

本书共分六章，分别为气、电、热能源品位划分方法，工业园区能源需求及典型用能行为，工业园区综合能源梯级利用供应策略，典型场景多能协同优化运行模型，传统工业园区多能综合利用案例，新兴信息化数据中心园区多能综合利用案例。

限于编写人员的水平和经验，书中不妥之处在所难免，恳请广大读者批评指正。

编者

目
录

1.1 国内外气、电、热能源品位划分方法

利用传统方法对能源质量或者是能源供能效率进行分析或者对比，通常是以折标煤法、热当量法、折电法将单位量的能源转换为统一的能源度量单位实现的。以热当量法为例，1kg 标煤折热当量为 7000kcal，1kW·h 电能折热当量为 860kcal，$1m^3$ 天然气折热当量为 8498kcal，1kg 热水（开路循环供应结构，出口温度 90℃，回水温度 20℃）折热当量为 70kcal。但上述方法存在着一定不足，一是对于不同种类的能源，由于能源存在形式不同，对能源单位量的度量单位不同，如天然气以体积度量，热水以质量度量。在此情况下即使将单位量的能源转换为热当量、标煤、度电也难以实现多种类能源供能效率的横向对比；二是对于同类能源，相同单位的能源能够折算为相同的热当量、标煤、度电，但也仅仅满足对能源“量”的评估需求，无法在供能可靠性和稳定性等方面对能源进行评估。因此，需要建立多种能源质量评估指标体系，从多方面对工业园区综合能源系统内的多种能源进行全面评估。

1.1.1 指标体系

结合国内外研究成果，本节将依次详细地总结天然气、电能和热能的质量评价指标，完成气、电、热能源品位划分体系的总结与分析。

1. 天然气品位划分指标体系

结合国内外研究成果，对天然气能源品位划分体系进行总结与分析。

天然气产品虽未进行完善的分类分级，但也包含诸多质量指标，主要如下所示。

（1）发热值。发热值是商品天然气经济价值的重要体现，我国相关标准《天然气》（GB 17820—2018）要求一类气体高位发热值不低于 36.0MJ/m^3，二类气体高位发热值不低于 31.4MJ/m^3。经对国内主要气田自产气和各进口气源高位发热值统计分析，进口液化天然气（Liquefied Natural Gas，LNG）发热值相对较高，达 44.92MJ/m^3，吉林油田天然气发热值相对较低，仅为 33.23MJ/m^3，最高值比最低值高 11.69MJ/m^3，相差约 35%。另外，玻璃、陶瓷行业等天然气下游用户对天然气发热值稳定性要求较高，如果天然气发热值突升突降，将会影响产品质量。因此，目前实施的体积计量方式不能体现不同气源单位体积发热值的差异，能量计量是天然气精准计量的必然要求，并且天然气发热值应尽量保持一定范围内相对稳定。

（2）水露点。水露点是管道天然气的一项重要指标，规定水露点的主要目的是防止液相水的产生。若管道中有游离水的存在，就会降低输气管道的输送能力，增加冰堵事故发生的概率，并使硫化氢（H_2S）、二氧化碳（CO_2）对输气管道和其他设备产生腐蚀作用。由于一定输气压力下的水露点与一定条件下的绝对水含量是相互对应的，所以只要规定了水露点，也就是规定了一定条件下的绝对水含量。我国相关标准规定“在最高操作压力条件下，天然气的水露点应比最低环境温度低 5℃”。不同地区地温差异较大，根据《1971—2000 中国地面气候资料》，地面以下 1.6 m 地温统计数据，我国西北阿尔泰地区冬季地温 2.9℃，要求含水量小于 102mg/m^3；华北张家口地区冬季地温 1.6℃，要求含水量小于 96mg/m^3；东北大兴安岭地区冬季地温−6.2℃，要求含水量小于 56mg/m^3。

（3）烃露点。烃露点是长输天然气管道设计过程中的又一重要指标。天然气管道中出现冷凝物会使测量、自控和过滤装置发生故障，影响管道安全运行。我国相关标准规定“在天然气交接点的压力和温度下条件下，天然气中应不存在液态烃”。一些凝析气藏具有反凝析现象，规定烃露点时应同时规定压力条件。参照国内外相关标准，一般将烃露点指标分为冬夏两季分别控制，夏季烃露点在交接压力下不高于−5℃；冬季烃露点在交接压力下不高于−10℃。

（4）甲烷等烃类组分。天然气质量指标中，对甲烷（CH_4）、乙烷（C_2H_6）、丙烷（C_3H_8）和丁烷（C_4H_{10}）含量等一般可不考虑，但随着天然气管道钢级、输送压力的不断提高，管道的延性断裂成为断裂的主要方式，并已成为制约高钢级焊管广泛应用的瓶颈。在管道止裂控制研究过程中，发现甲烷含量对管材止裂性能要求有一定影响，甲烷含量越低，对管道止裂性能要求越严格。结合中亚天然气管道、中缅天然气管道相关协议气质要求，在进口天然气管道技术谈判时一般将甲烷含量控制在大于 92%的指标范围内。如资源地天然气实际的甲烷含量达不到要求，可在对拟用管材止裂性能研究分析的基础上适当放宽此指标要求。

（5）总硫。总硫含量主要是规定商品天然气中有机硫化合物的含量，避免对管道产生腐蚀。我国相关标准规定一类气总硫含量不超过 $60mg/m^3$；美国标准要求总硫含量不超过 $30mg/m^3$；俄罗斯标准对总硫含量没有明确规定。

（6）硫化氢。为有效控制硫化氢对环境和人身健康的危害以及对管道和设备的腐蚀，严格控制商品天然气中硫化氢含量是国际发展趋势。我国相关标准规定一类气硫化氢含量不超过 $6mg/m^3$，欧美国家相关标准对管输天然气的硫化氢含量也多数控制在 $7mg/m^3$ 以下。

（7）硫醇。规定天然气硫醇含量，是因为硫醇对金属管道有一定腐蚀作用。目前国内相关标准对硫醇含量尚未进行规定；欧洲标准规定较为严格，要求硫醇含量不超过 6mg/m^3；美国标准要求硫醇含量小于 7mg/m^3；俄罗斯相关标准对硫醇含量规定相对宽松，要求硫醇含量小于 16mg/m^3。

（8）氧气。规定商品天然气中的氧含量，主要是从安全或防腐的角度考虑，避免恶意掺混空气。不同国家相关标准对氧含量的要求不尽相同，我国相关标准规定氧含量不超过 0.5%；俄罗斯标准规定氧含量不超过 0.5%；欧洲标准要求氧含量不超过 0.01%；美国标准要求氧含量不超过 0.2%。

（9）二氧化碳。天然气中的二氧化碳对大气温室效应、管道腐蚀以及管道的输气效率都有影响，因此从国际发展趋势来看，对其控制是日趋严格。我国相关标准对二氧化碳含量要求不超过 2.0%；欧洲标准对二氧化碳含量要求不超过 2.5%；美国标准对二氧化碳含量要求不超过 3.0%；俄罗斯标准对二氧化碳未作明确要求。

（10）汞含量。汞（H_g）具有高挥发性、高毒性、强腐蚀性，会引起天然气化工中催化剂中毒，用含汞的天然气作为燃料和化工原料会对环境造成影响，给人体健康带来危害。另外，汞还会使冷冻剂的铝质热交换器迅速腐蚀，对仪器设备的腐蚀性严重。为避免商品天然气在管输条件下析出汞，管输天然气中汞含量应低于一定浓度。虽然国内外天然气气质标准和技术规范中没有特别针对汞含量做出限制，但美国相关标准对有害物质做出了规定，要求天然气中不能含有毒和致癌物，相当于间接规定了不能含有汞。荷兰天然气生产单位与天然气用户之间以天然气供应合同协议的形式对天然气中的汞含量做出规定。

（11）杂质与粉尘。天然气中可能存在固体颗粒物质，也称之为粉尘。在天然气的输送过程中，这些颗粒物会沉积在阀门、流量计等设备上，影响管道上各种设备的正常运转，尤其当用气量波动较大时，会导致设备磨损越来越严重，甚至会直接影响整个输气管线的安全运行。另外，杂质与粉尘将会影响汽车驾驶性能，并对发动机造成一定损伤。我国相关规范对天然气中机械杂质的没有定量规定，但明确规定“天然气中固体颗粒含量应不影响天然气的输送和利用”，并对固体颗粒的粒径做出了应小于 5μm 的明确规定。俄罗斯标准规定固体颗粒物含量应不超过 $1mg/m^3$。

（12）微量金属元素含量。一般情况下，天然气中微量金属一般不会对管道的输送、储存和使用产生不利影响；但在高温环境下，会对长输管道的压气站和下游发电厂使用的燃气轮机产生不利影响。气体燃料中钠、钾、钒和铅等微量金属会在燃烧室和涡轮导向叶片等热通道部件中产生腐蚀，缩短设备使用寿命，甚至引发安全事故。如果燃料气中同时还含有硫，在高温下，钠和钾的化合物都会与硫反应生成硫酸盐，一方面对热通道部件产生腐蚀作用，另一方面还会改变涡轮叶片叶型，降低燃机效率。目前，各国对天然气中金属元素的危害不够重视，天然气产品标准对颗粒物含量也只进行定性要求，并且直接针对天然气中金属元素含量测定技术及标准的研究非常少。建议相关部门今后在天然气质量控制以及相关标准制定时适当考虑。

目前，天然气产品还没有明确的分级体系，但有质量评估指标。目前评价体系最为重视天然气产品发热值这类使用效果指标，其他包括总硫含量、二氧化碳含量、硫化氢含量、水分含量以及氧气含量在内的可靠性指标同样较为重要，因为这些指标直接关系到天然气对管道的腐蚀性，为了防止硫化氢腐蚀、二氧化碳腐蚀造成输送管道破裂引起安全事故，确保安全稳定运行，对天然气气体成分中的硫化氢、二氧化碳、水分含量要进行严格控制。综上可知，对于天然气的能源利用效率、供能质量，具体体现在天然气发热值以及天然气中各种成分对天然气管网供能可靠性、安全性的影响上。天然气品位划分指标如图 1-1 所示。

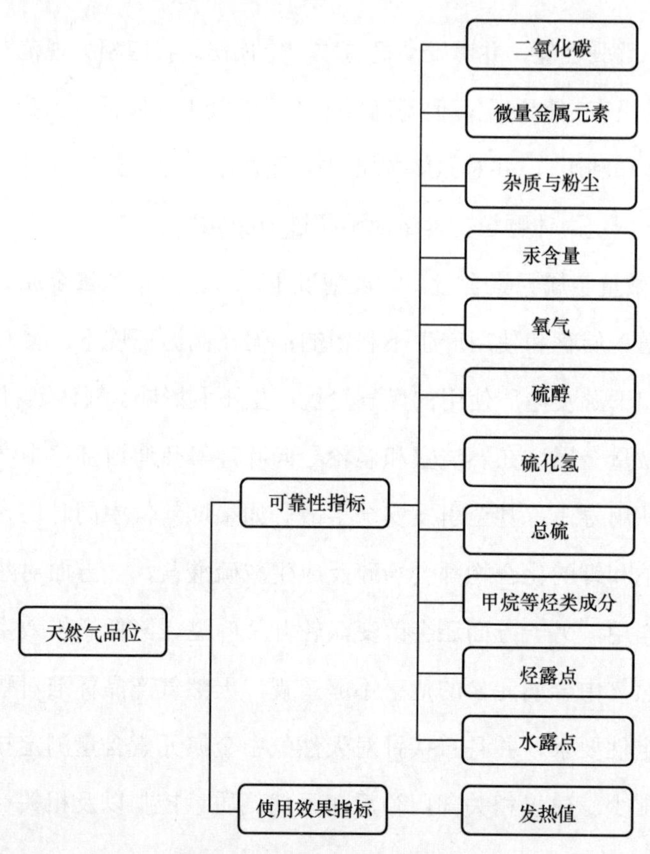

图 1-1 天然气品位划分指标

2. 电能品位划分指标体系

针对电能品位划分指标体系，电能的存在形式是单一的，然而电能的来源不同，使得电能在供能质量、供应稳定性上存在差异。因此对电能的品位进行划分的指标以电能质量指标为主要依据。而电能质量标准是由各国或各大电力公司根据自己国情或电网的特点制定，不同国家和地区之间存在一定的差异，IEEE 技术协调委员会给出电能质量相应的技术定义为：给敏感设备提供的电力和设置的接地系统都是适合于该设备正常工作的电能质量，称为合格的电能质量。我国颁布的电能质量指标主要包括供电电压允许偏差、电压波动和闪变、公用电网谐波含量、三相电压不平衡度、电力系统允许频率偏差、暂时过电压及瞬态过电压。

电能质量指标是随用电负荷需求的变化而发展的。理想状态下电网公司应该向负荷侧用户提供恒定电压、恒定频率及正弦波形的交流电能。但由于下列原因，实际中该理想状态很难实现：①发电侧发电机并不能完全满足三相对称，新能源发电并网存在诸多不确定性因素；②电能传送过程中输电线路、变压器等设备三相不对称；③用电侧负荷的多样性、复杂性；④系统调控技术、手段有限等。电能经过发电、变电、输电、配电及用电多个环节，电能质量可能会存在波动，若达不到负荷侧工业用电、生活用电最低标准，轻则影响用户用电体验性，重则损坏用电设备并造成工业损失。因此电能质量评估结果的准确性具有重要意义。围绕电能质量含义从不同角度理解，通常包括电压质量、电流质量、供电质量及用电质量。电压、频率和波形作为衡量电能质量的三要素，依据电能质量三要素可以得到量化电能质量的主要评价指标。

随着电网的发展，大量新型负荷的出现，负荷结构发生了质变，电能质量由过去简单的电压偏差和频率偏差两大指标，扩展到目前包括谐波、间谐波、电压波动和闪变、三相电压不平衡、过电压及电压暂降等在内的多指标，各指标的具体内容如下。

（1）电压偏差。供电系统在正常运行条件下，某一节点的运行电压与系统额定电压之差对系统额定电压的百分数称为该节点的电压偏差，目前通过在电压检测点（供电产权分界处或电能计量点）安装具有自动记录和统计功能的电压检测仪，可以直接检测电压的偏差，并统计电压的合格率。其中，在35kV及以上中为正负偏差绝对值之和不超过10%，10kV及以下三相供电为7%，220kV单项供电偏差介于−10%～7%。当电压低于额定电压时，电动机转矩减小、转速下降，电流增加，电动机温升增加，线圈发热，将会缩短电动机寿命，加速绝缘老化，甚至可能烧毁电动机。当电网运行电压低时，可能会由于电压不稳定而造成系统电压崩溃，使系统稳定功率极限降低，容易造成系统瓦解的重大事故，导致大量用户停电。

（2）电压波动和闪变。电压波动定义为电压均方根值的一系列相对快速变动或连续变化的现象，其变化周期大于工频周期。在 2min 内，测量工频周期的电压有效值，与标称电压比较即可得电压波动值。常用的电压波动监测方法有有效值检测法、整流检测法及平方检测法。在波动性负荷中，以电弧炉所造成的电压波动尤为突出，所以制定的关于电压波动与闪变的标准条款通常是根据电弧炉的负荷设定的。电压波动与闪变的危害主要包括：①急剧的电压波动会引起同步电动机的振动，影响电动机的寿命以及产品的质量、产量；②造成电子设备和测量仪器仪表等无法准确、正常地工作；③引起人的视觉不适，使人容易疲劳，影响工作效率等。

（3）频率偏差。电力系统在正常运行条件下，系统频率的实际值与额定值之差，称为系统的频率偏差，频率偏差主要是由于发电机与负荷间的有功功率不平衡造成的。目前电力系统正常频率允许偏差允许值为 0.2Hz。当系统容量较小时，频率允许偏差值可以放宽到 0.5Hz。用户冲击负荷引起的系统频率变动一般不得超过 0.2Hz。系统频率对用户和发电厂的不利影响主要包含以下方面。

1）异步电动机的转速和输出功率受频率影响，系统频率变化可能消耗更多的无功功率，从而导致电压下降甚至电压崩溃、系统瓦解。频率不稳定，将会影响现代工业、国防和科研部门中各种电子技术设备的精密性。若电动机用于驱动纺织、造纸等机械，当存在频率偏差时，生产的产品质量将下降，甚至出现废品。

2）长期的频率偏差积累将产生电钟误差。研究表明，感应式电能表的计量误差随着频率的变化而增大，当频率变化，误差将增大约 0.1%。频率升高，会减少感应式电能表的计电量；生产过程中，测量电子设备若因为频率的变化而产生误差，将影响生产过程的正确性。

3）电动机驱动的机械（如风机等）出力随频率的降低而减小，使发电机的出力继续减小，如此恶性循环，将使频率不断的降低，甚至发生频率崩溃。

4）电容器常用于无功补偿，但电容器的发热容量与频率成正比，且电容器的无功补偿容量随系统频率的下降而下降，使得电容器的无功补偿不利于调整系统电压，很难支撑系统电压。

5）频率的变化还可能引起异步电机和变压器激磁电流增加，所消耗的无功功率增加，恶化了电力系统的电压水平。

6）发电厂的汽轮机叶片振动变大，并影响其使用寿命，可能会产生裂纹甚至断裂。

7）引起系统中滤波器的失谐和电容器组发出的无功功率变化。

（4）谐波。国际上公认的谐波定义为：“谐波是一个周期电气量的正弦波分量，其频率为基波频率的整数倍”。在一定的供电系统条件下，有些用电负荷会出现非基频频率整数倍的周期性电流波动，为延续谐波概念，又不失其一般性，根据该电流周期分解出的傅里叶级数得出的不是基波整数倍频率的分量称为分数次谐波，电力系统中的谐波主要由非线性设备引起。谐波对系统的危害主要表现在如下几个方面。

1）旋转电机。由于集肤效应、涡流、磁滞等随频率的增高而使在旋转电机的铁芯和绕组中产生的附加损耗增加。在供电系统中，用电负荷大部分都是电动机，因此由于谐波造成的附加损耗中，对电动机的影响最为显著。

2）变压器。谐波电流会增加变压器的铜耗，尤其是三角形连接的变压器中3 次及其倍数的谐波会在变压器绕组中产生环流，导致绕组过热；而对于绕组中性点接地的星形连接的变压器，若该侧装有中性点接地的电容器或者分布较大的电容器时，可能会产生3 次谐波的谐振，大大增加了变压器的附加损耗。

3）输电线路。输电线路电阻因其频率特性将随着频率的增加而增大。集肤效应作用于输电线路使电流升高变为谐波电流。输电线路中的电感和电容会在一定条件先组成的串联或者并联回路产生串联谐振或并联谐振。电力电缆线路中电缆的对地电容比架空线路大得多，而感抗比架空线路要小，因此电缆线路更能激励出较大的谐波谐振或放大谐波，造成绝缘击穿事故。

4）电容器。据统计表明，谐波造成的故障中 70%都与电容器有关。谐波电压的升高将增加附加损耗，缩短电容器的使用寿命，甚至使电容器发生故障而不能正常工作；当电容器的电容与电网的感抗组成谐振回路，发生谐振使谐波电流增大，便会导致电容器因过电压、过电流而不能正常工作。

5）继电保护和自动装置。并联谐波谐振所产生的谐波会对继电保护装置和自动装置产生干扰，造成该类装置误动或拒动，以至损坏设备，同时产生相当大的谐波网损。

6）计算机和通信干扰。正常的通信回路可能会受到高次谐波的干扰，并使通信系统会产生静电感应与电磁干扰，使得电能质量下降。谐波还会使计算机程序出错，这样会严重影响正常的生产和生活。

（5）间谐波。间谐波又称分数谐波，顾名思义，它指非工频频率整数倍的周期性电流或电压。间谐波往往由较大的电压波动或冲击性非线性负荷引起。非线性的波动负荷如电弧炉、电焊机、各种变频调速装置等都是间谐波源。间谐波的主要危害是会放大电压闪变，干扰音频，使收音机产生噪声污染，影响电视机画质，并在一定程度上造成感应电动机的振动，特别对采用电容电感和电阻构成的无源滤波器电路，其间谐波可能会被放大，严重时会使滤波器因谐波过载而不能投运，甚至造成设备的损坏。据统计间谐波的含有率超过 0.3%便能引起灯光闪变，引起无线通信的干扰。可见间谐波对经济和生活会造成一定影响，然而我国国标并未涉及这一指标，这也是电能质量标准有待完善的地方。

（6）三相电压不平衡。三相平衡是指三相电量（电流或电压）的数值相等、频率相同、相位互差 120° 的情况。如果不能同时满足这 3 个条件，则称为三相不平衡。三相不平衡主要是由于负荷不平衡（如单相运行）所致，或者是三相电容器的某一相熔断器熔断造成。我国于2008年公布了《电能质量 三相电压不平衡》（GB/T 15543—2008），其中规定在电网正常运行条件下，负序电压不平衡度小于等于2%，短时小于等于4%，接于公共连接点的单个用户负序电压不平衡度小于等于1.3%，短时小于等于2.6%。而且各相电压必须满足《电能质量 供电电压偏差》（GB/T 12325—2008）中的规定。三相不平衡对电力设备的运行产生的影响主要包括以下几个方面。

1）三相不平衡产生的负序电流产生制动转矩，导致输出功率降低，甚至造成电机的损坏。

2）三相不平衡会使得变压器接重负荷的绕组过热，产生额外损耗，影响变压器的利用率，更会造成变压器寿命降低。

3）系统中保护元件的阈值是根据三相平衡运行工况设置，不平衡时可能导致继电保护等装置误动作，甚至烧坏设备影响使用安全。三相平衡时三相绕组的电阻、激磁阻抗和漏抗基本相同，其三相电流及内部的压降也都基本相同，如果三相不平衡，各相的电流及压降不同，通过电流的中性线产生中性点漂移，使各相电压变化，重负荷相的电压降低，轻载相电压升高。

4）三相不平衡会造成线路损耗增大，不平衡运行的三相负载中，其中性线有电流流过，造成了相线和中性线的损耗，因而大大增加了电网线路中的损耗。

（7）过电压。电网运行过程中相对地电压超过额定电压最大值的$\sqrt{2/3}$倍或者相间电压过额定电压最大值的$\sqrt{2}$倍，称之为过电压。典型的过电压值为标称值的1.1～1.2倍。过电压主要是由于负载的切除和无功补偿电容器组的投入等过程引起，另外，变压器分接头的不正确设置也是产生过电压的原因。过电压按照波形特征可分为暂时过电压和瞬态过电压。暂时过电压一般由工频过电压和谐振过电压引起。瞬态过电压主要包括操作过电压和雷击过电压。

（8）电压暂降。现今，随着半导体制造业、信息业等高新产业的发展，微电子技术、计算机技术的广泛应用，用户对电能质量的要求越来越高，暂态电能质量问题尤其受到了广泛的关注。上面讨论过暂态过电压，与它相对应的就是电压暂降，该问题同样影响着我们的生活与工作，据统计，在欧洲和美国，电力部门与用户对电压暂降的关注程度比对其他有关电能质量问题的关注要强很多。对于计算机，其安全工作电压为90%～110%，当电压下降到 70%及以下时，若持续时间超过 20ms，就无法工作；同样对于由计算机控制的自动生产线、机器人、机器手、精密加工等，在电压暂降时也会停止工作或产品质量下降。在我国，这类问题同样存在。有专家认为，电压暂降与中断已上升为目前最重要的电能质量问题。

显然国内外对电能质量指标有了一定的标准，但目前尚未形成较为完善的电能品位划分指标体系。而目前对电能供能质量、供能可靠性的评价指标正是将电能供应的可靠性、稳定性作为评价重点。这与能源品位划分的原则是完全一致的。电能品位划分指标如图 1-2 所示。

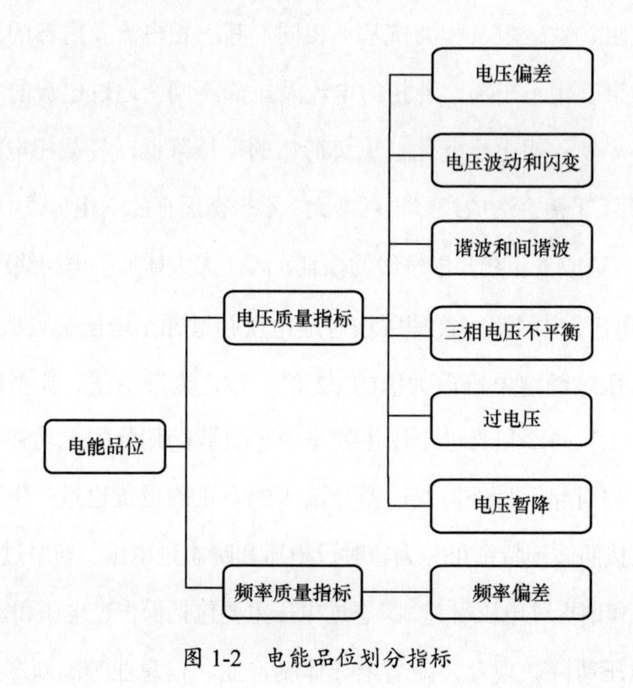

图 1-2　电能品位划分指标

3. 热能品位划分指标体系

国内外基于热能的品位划分体系已经较为完善，热能的品位是指单位能量所具有可用能的比例，是标识热能质量的重要指标。热能品位常常被认为是释放或接受热源温度所对应的卡诺循环效率。热能的品位划分指标十分明确，是单位能量所具有可用能的比例。热能品位划分标准如下。

（1）高品位热能。550℃至燃料理论燃烧温度。

（2）中品位热能。170～550℃。

（3）低品位热能。环境温度至170℃。

一般来说，温度越高则热能的品位越高，有更多可利用方式。不同的热利用技术可利用的余热数量和品位不同，热利用效果差异大，会对整体的热利用策略造成较大影响。

1.1.2 评估算法

当前，能源品位划分评估算法的主要步骤为采用权重确定方法确定各个能源评价指标的权重，然后对实际方案数据进行预处理，最后采用多目标决策方法计算各个方案的最终得分，从而实现多种能源的品位划分。

1. 权重确定方法

目前，权重的确定方法主要有主观赋权法和客观赋权法两种。主观赋权法是一种定性分析方法，它基于决策者主观偏好或经验给出指标权重，如层次分析（AHP）法、最小平方法、德尔菲（Delphi）法等。主观赋权法体现了决策者的经验判断，完全依靠专家的意见来确定评价指标的重要性次序并确定权重。客观赋权法的主要原理是根据原始数据之间的关系，通过一定的数学方法来确定权重，是一种定量分析方法。常用的客观赋权法有主成分分析法、熵权法、相关系数法等。客观赋权法所确定的权重系数虽然在多数情况下客观性较强，但赋权结果未能反映指标的实际重要程度，可能造成赋权结果与客观实际存在一定的差距，且其计算过程较复杂，需要一定数量的原始数据资料，在实践应用方面难以普及。

对于能源品位划分评估，主观赋权法通过征询能源用户的需求和咨询专家意见，然后进行统计综合而定权。这种方法可以满足不同性质能源用户对于能源品位的不同要求，体现了能源用户对能源品位各项指标的重视程度，确定的权重符合现实。而客观赋权法在对能源品位进行综合评估时，考虑到指标权重的大小与指标数据的变动之间的关系，根据数据变动情况确定客观性权重。权重确定方法对比见表 1-1。

表 1-1　　权重确定方法对比

权重确定方法类别	权重确定方法	方法原理	方法特点
主观赋权法	层次分析（AHP）法	层次分析（AHP）法通过划分指标层次的方法，逐步分解评价对象，通过两两要素对比的方式，使复杂的系统分解，能把多目标、多准则又难以全部量化处理的决策问题化为多层次单目标问题	层次分析法把专家意见和分析者的客观判断结果直接而有效地结合起来，把定性方法与定量方法有机地结合起来
	德尔菲（Delphi）法	德尔菲法通过组织相关领域的专家进行探讨，让专家们以匿名方式发表自己对各项评价指标权重大小的看法，将其进行汇总统计，然后反馈给每个专家，再次征求他们的观点和判断，然后第二次汇总统计，再将统计结果反馈给专家，以此重复多次后得到最终的一致结果	通过匿名反馈的方式，避免专家之间因为地位等因素的影响，使得每位专家都能完全按照自己的主观经验进行判断，保障了观点的有效性
客观赋权法	熵权法	根据信息熵的定义，对于某项指标，可以用熵值来判断某个指标的离散程度，其信息熵值越小，指标的离散程度越大，该指标对综合评价的影响（即权重）就越大，如果某项指标的值全部相等，则该指标在综合评价中不起作用	熵权法确定的指标权重反映的是样本指标数据之间的区分度，会随着样本的变化而变化，缺乏指标之间的横向比较，使得权重确定结果准确性存在一定问题
	CRITIC 法	CRITIC 法的基本思路是确定指标的客观权数，以两个基本概念为基础：①对比强度，它表示同一指标各个评价方案取值差距的大小，以标准差的形式来表现，即标准化差的大小，表明了在同一指标内各方案的取值差距的大小，标准差越大各方案的取值差距越大；②评价指标之间的冲突性，指标之间的冲突性是以指标之间的相关性为基础，如两个指标之间具有较强的正相关，说明两个指标冲突性较低	CRITIC 法的标准差在反应数据对比强度上存在着准确率低、误差大的问题，且并未考虑同一指标数据间的离散程度

综合总结的主观、客观赋权方法原理与特点，主观赋权法侧重于参考评估任务重点以及评估参与人员对指标的侧重点赋予评价指标权重，其赋权结果可根据评估参与人员对评估场景的理解进行灵活调整；客观赋权法则直接面向评估结果本身，以算法评估结果数据的离散程度判断数据的重要性，进而为评估指标赋予权重，这种赋权结果很大程度上受评估数据影响。结合能源品位评估工作要求，应依照能源系统、能源用户对各类能源指标的重视程度进行权重赋予，因此在本书综合能源系统能源品位划分理论体系中，应当在主观赋权法中选取。

2. 多属性决策方法

多属性决策方法是在得到指标属性的权重下，通过一定的方式对决策信息进行集结并对各候选方案进行排序和择优。在能源品位评估过程中，不仅需要对能源特性本身进行评估确定，还需考虑外部环境，诸如用能用户生产特性、负荷曲线、用户行为等因素，经过研究方法筛选比较后，可用的算法模型包括灰色关联分析法、TOPSIS 法、专家打分法、秩和比法、模糊综合评价法、支持向量机法、数据包络分析法以及神经网络法等。

多属性决策是现代决策科学的一个重要组成部分，它的理论和方法在工程设计、经济、管理和军事等诸多领域中有着广泛的应用，如投资决策、项目评估、维修服务、武器系统性能评定、工厂选址、投标招标、产业部门发展排序和经济效益综合评价等。多属性决策的实质是利用已有的决策信息通过一定的方式对一组备选方案进行排序或择优，它主要由两部分组成：①获取决策信息；②通过一定的方式对决策信息进行集结并对方案进行排序和择优。多属性决策方法对比见表 1-2。

表 1-2　　多属性决策方法对比

多属性决策方法	方法原理	方法特点
优劣解距离（TOPSIS）法	优劣解距离（TOPSIS）法是通过检测评价对象与最优解、最劣解的距离来进行排序，若评价对象最靠近最优解同时又最远离最劣解，则为最好；否则不为最优	优劣解距离（TOPSIS）法对原始数据进行了规范化的处理，消除了不同指标量纲的影响，能充分反映各方案之间的差距、客观真实的反映实际情况，具有真实、直观、可靠的优点
专家打分法	专家打分法首先根据评价对象的具体要求选定若干个评价项目，再根据评价项目制订出评价标准，聘请若干代表性专家凭借自己的经验按此评价标准给出各项目的评价分值，然后对其进行结集	专家打分法根据具体评价对象，确定恰当的评价项目，比较简便，且直观性强。其计算方法简单，且选择余地比较大，将能够进行定量计算的评价项目和无法进行计算的评价项目都加以考虑
灰色关联分析法	灰色关联分析法通过对动态过程发展态势的量化分析，完成有关统计数据几何关系的比较，求出参考数列与各比较数列之间的灰色关联度	灰色关联分析法要求样本容量可以少到 4 个，对数据无规律同样适用，不会出现量化结果与定性分析结果不符的情况
秩和比综合评价法	秩和比综合评价法的基本原理是在一个矩阵中，通过秩转换，获得无量纲统计量秩和比，以秩和比值对评价对象的优劣直接排序或分档排序，从而对评价对象作出综合评价	秩和比综合评价法比单纯采用非参数法更为精确，既可以直接排序，又可以分档排序，适用范围广泛，但在指标转化为秩次时会失去一些原始数据的信息
模糊综合评价法	模糊综合综合评价法根据模糊数学的隶属度理论把定性评价转化为定量评价，即用模糊数学对受到多种因素制约的事物或对象做出一个总体的评价	模糊综合评价法可以做到定性和定量因素相结合，评价结论可信，但该方法计算复杂，隶属度和权重的确定、算法的选取等很多方面都带有较强的主观性
支持向量机法	支持向量机法是以寻找最优分类面为目标、以二次规划为手段、以非线性映射为理论基础的统计学习方法	支持向量机法使用核函数可以向高维空间进行映射，可以解决非线性的分类，但其对规模训练样本难以实施，且规模训练样本难以实施
数据包络分析法	数据包络分析法通过保持决策单元的输入和输出不变，利用数学规划将决策单元投影到数据包络前沿面上，通过比较决策单元偏离数据包络前言面的程度来评价它们的相对有效性	数据包络分析法以决策单位各输入输出的权重为变量，从最有利于决策单元的角度进行评估，避免了各指标在优先意义上的权重
折中妥协（VIKOR）法	折中妥协（VIKOR）法根据最大化群体效用和最小化个体遗憾的方法对方案进行综合排序，基本方法是将待评价方案与理想方案比较，根据两者之间的差异大小进行优先排序	折中妥协（VIKOR）法能够有效避免逆序的产生，得出的结果易被决策者接受，但是 VIKOR 法的操作较为复杂，且得到的方案排序结果直观性不强

TOPSIS 法的基本思路是找出理想方案和负理想方案，然后根据各方案与理想方案和负理想方案的距离来衡量对该方案的满意度，并能充分利用原始数据的信息，所以能充分反映各方案之间的差距、客观真实地反映实际情况，具有真实、直观、可靠的优点，而且其对样本资料无特殊要求。

VIKOR 法和 TOPSIS 法同样是找出理想方案和负理想方案，然后根据各方案与理想方案和负理想方案的距离进行排序，但是 VIKOR 法的操作较为复杂，且得到的方案排序结果直观性不强。另外，灰色关联分析方法的基本思想是根据序列曲线几何形状的相似程度来判断其联系是否紧密，曲线越接近，相应序列之间的关联度也就越大，其评价准确性相较于 TOPSIS 法低。

1.2 综合能源系统能源品位划分指标体系

上一节对国内外气、电、热能源品味划分指标体系进行了介绍，接下来需以上文为基础，对综合能源系统能源品味划分指标体积进行分析。为实现多能源的品位划分，需选取划分指标，形成综合能源品位划分指标体系，评估指标的选取，拟采用 SMART 法则构建评价指标体系，该法则为国家政府部门普遍采用的评价指标体系设计法则，是根据美国马里兰大学管理学及心理学教授洛克目标设置理论在实践中总结出来的。SMART 法则对评价指标体系提出了 5 个要求，其具体的内涵为特定的（Specific）、可测量的（Measurable）、可得到的（Attainable）、相关的（Relevant）及可追踪的（Trackable）。多能源品位划分指标体系构建技术路线图如图 1-3 所示。

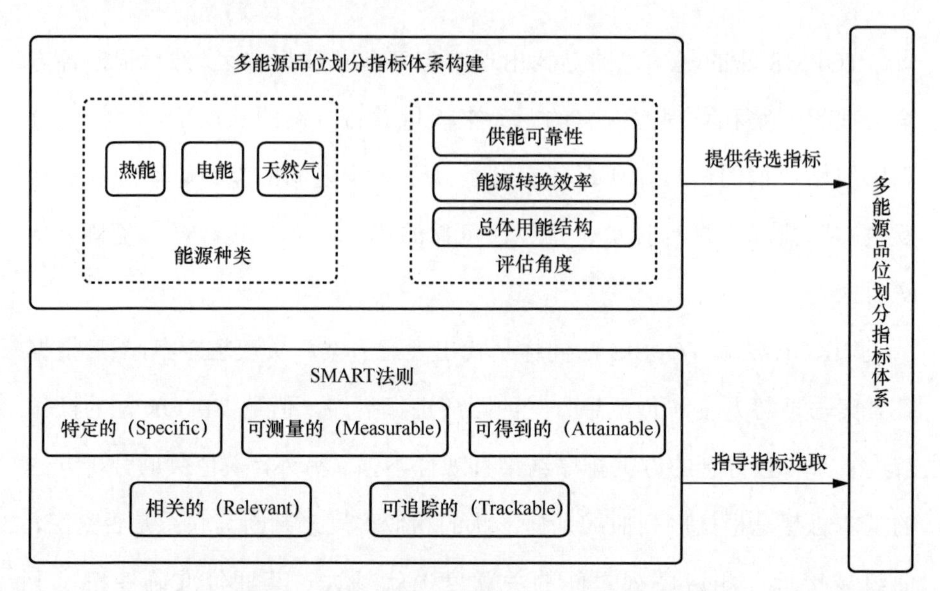

图 1-3 多能源品位划分指标体系构建技术路线

1.2.1 评估指标选取原则

从综合能源系统的总体供能能源来看，由能源用途的广泛性决定，天然气用途最广，可发电可产热；电能可产热，也可制冷；热能除了用于供热，还可以通过吸收式制冷机等设备实现制冷。因此气、电、热有明显的等级排序。但是在电、热的范畴之内，由于它们的产生来源不同、形式不同，因此在能源供应效果上也会产生差异，因此需要从电能、热能的不同特性出发，建立全面的能源品位划分指标体系，用于进一步细分综合能源系统内电能、热能的质量。

SMART 法则有助于找到恰当的评级指标，形成能源品位划分指标体系，最终形成综合能源品位划分机制，更为精确地明确各类能源的品位，并参与到能量的梯级利用中。

1. 特定的（Specific）

评估指标体系是对评估对象的本质特征、组成结构及其构成要素的客观描述，其中的各项指标，应当是明确、清晰、具体的，而不是空泛的。对于本文中的各类能源，应当把重点放在能源的供能稳定性、能源用途的广泛性上，提出一系列指标。

2. 可测量的（Measurable）

原则上，每一个评估指标都是针对拥有明确衡量标准的对象的，并且在同一体系下，衡量标准应当是统一的。可测量的就是指评估指标应该是明确的，而不是模糊的。它应该有一组明确的数据，作为衡量标准。

3. 可得到的（Attainable）

评估指标体系中的各项指标应当是可得到的，具体来说，在制定指标体系的过程中，应当考虑到评估指标所涉及数据的获取方式和获取渠道。如果一项指标所需数据难以获取或者完全无法获取，那么把这种指标加入评估体系内就应当慎重，必要时可以放弃。但同时又要考虑数据获取手段的发展，加入以后可能获得数据的评估指标，使得指标体系具有一定前瞻性。

4. 相关的（Relevant）

指标体系的构建并非将多项互不相关的独立指标堆砌起来，也不应当把相似的指标叠加在一起，其中的各个指标应当存在一定的内在联系，相互支持，相互验证，体现出一定的逻辑。

5. 可追踪的（Trackable）

针对不同来源电能、热能的品位划分指标体系，不应当只针对当供能结构前进行评价，还应当融入能量来源变化发展的各个阶段，可以对评价效果进行追踪、再评价和完善。因此，在选取指标时，应当考虑到是否易于追踪与监测。

1.2.2 能源品位划分指标体系

1. 天然气品位划分指标体系

作为原油炼化产品，汽油产品因辛烷值不同，可以利用汽油标号对其进行划分。天然气产品还没有明确的分级体系，但是也有质量评价指标。分析前述天然气质量评估指标可发现，国内外对天然气质量划分的关注重点首先是用能效果，其次是使用可靠性，最后是近年来逐步引起关注的低碳性。基于以上分析，本节从天然气的能源质量出发对天然气的品位进行评估划分，围绕使用效果、使用可靠性等用户主要需求内容，依据 SMART 法则中对指标特定的、相关的、可得到的等要求，总结形成天然气的品位评估指标体系。

（1）发热值。发热值是商品天然气价值的重要体现，如果天然气发热值过低，会对生产行业的产品质量造成不利影响。目前对天然气发热值采用体积计量方式，常用单位为 MJ/m^3。该指标为正向指标。

（2）总硫含量。总硫含量主要是规定商品天然气中有机硫化合物的含量，避免对管道产生腐蚀。该指标为负向指标。

（3）硫化氢含量。为有效控制硫化氢对环境和人身健康的危害以及对管道和设备的腐蚀，国内外均严格限制商品硫化氢含量。该指标为负向指标。

（4）氧气含量。规定商品天然气中的氧含量，主要是从安全或防腐的角度考虑，避免恶意掺混空气。该指标为负向指标。

（5）二氧化碳含量。天然气中的二氧化碳对大气温室效应、管道腐蚀以及管道的输气效率都有影响，目前对商品天然气的二氧化碳含量管控日益严格。该指标为负向指标。

天然气品位划分指标体系如图 1-4 所示。

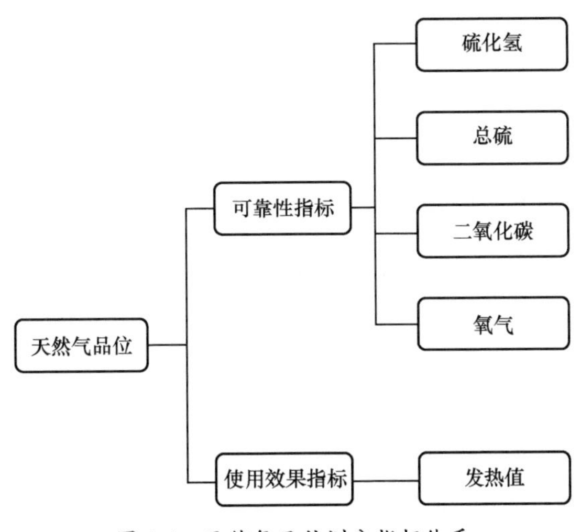

图 1-4 天然气品位划分指标体系

图 1-4 所示指标体系首选立足于评估天然气的使用效果，选取发热值作为评估指标；进一步从天然气使用可靠性出发，选取了硫化氢、总硫、氧气含量指标；进一步兼顾天然气使用过程的低碳性，选取了二氧化碳含量指标。该指标体系的选取基于前文所述国内外主要天然气质量划分指标，以 SMART 法则为依据，在保证指标精简、相关并易获取的情况下，实现了对天然气使用效果、可靠性、低碳性的全面覆盖。

2. 电能品位划分指标体系

工业园区的不同用户对电能质量有着不同需求，因此对电能的品位进行评估划分的指标以电能质量指标为主要依据。结合前述国内外电能质量评估指标主要侧重电压、频率两方面，充分遵循 SMART 法则中对指标可测量性、可跟踪性、关联性以及对指标数据可获得性的要求，结合实际数据获取条件对现有电能质量评估指标进行筛选，最终得到电能品位评估指标如下。

（1）电压偏差。供电系统在正常运行条件下，某一节点的运行电压与系统额定电压之差对系统额定电压的百分数称为该节点的电压偏差，电压偏差的计算公式为

$$\Delta U = \frac{U_{\mathrm{real}} - U_{\mathrm{N}}}{U_{\mathrm{N}}} \times 100\% \tag{1-1}$$

式中：ΔU 为电压偏差；U_{real} 为实测电压；U_{N} 为标称电压。

系统电压偏差产生的根本原因是系统的无功功率不平衡造成的，当电压低于额定电压时，电动机转矩减小、转速下降。电流增加，电机温升增加，线圈发热，缩短电动机寿命，加速绝缘老化，甚至可能烧毁电动机。当电网运行电压低时，可能会由于电压不稳定而造成系统电压崩溃，使系统稳定功率极限降低，容易造成系统瓦解的重大事故，导致大量用户停电。所以电压偏差是负向指标，其绝对值越小越好。

（2）频率偏差。电力系统在正常运行条件下，系统频率的实际值与额定值之差，称为系统的频率偏差，频率偏差主要是由于发电机与负荷间的有功功率不平衡造成的。频率偏差计算公式为

$$\Delta f = f_{\mathrm{real}} - f_{\mathrm{N}} \tag{1-2}$$

式中：Δf 为频率偏差；f_{real} 为实测频率；f_{N} 为标称频率。

系统频率偏差产生的根本原因在于系统的有功功率不平衡。如果频率偏差过大，会大大损害电力系统重要设备，并极大降低供能质量，影响生产与生活。同样，频率偏差是负向指标，其绝对值越小越好。

（3）电压谐波畸变率。近年来，电力电子器件的发展非常的迅速，为电力系统引入谐波，谐波失真变得越来越严重。谐波对各种电气，通信和传输线路都有负面影响。谐波对系统电压的影响可用电压谐波畸变率来描述，即

$$THD_{\mathrm{U}} = \sqrt{\frac{\sum_{n=2}^{N} U_n^2}{U_1^2}} \tag{1-3}$$

式中：THD_{U} 为电压谐波畸变率；U_n 为 n 次谐波电压有效值；U_1 为基波电压有效值。

谐波畸变率是负向指标，其绝对值越小越好。

（4）电压波动。电压波动值是两个极端电压有效值之间的差值，通常以电压波动率（百分比）的形式表示，即

$$d=\frac{U_{\max}-U_{\min}}{U_{\mathrm{N}}}\times 100\% \tag{1-4}$$

电压波动会对电机、电力电子整流器等设备的运行状态造成不利影响，从而降低设备的寿命，故电压波动是负向指标，其绝对值越小越好。

（5）三相电压不平衡度。三相平衡是指三相电量（电流或电压）的数值相等、频率相同、相位互差 120° 的情况。如果不同时满足这 3 个条件，则称为三相不平衡。三相不平衡主要是由于负荷不平衡（如单相运行）所致，或者是三相电容器的某一相熔断器熔断造成。三相电压不平衡利用电压负序和正序分量百分比描述，即

$$\varepsilon=\frac{U_2}{U_1}\times 100\% \tag{1-5}$$

式中：U_1 为对称的三相电压分量分解后的正序分量值；U_2 为对称的三相电压分量分解后的负序分量值。

三相不平衡会影响设备运行并增加用能损耗，影响电力系统稳定、经济运行，故该指标同样是负向指标，其绝对值越小越好。

电能品位划分指标体系如图 1-5 所示。

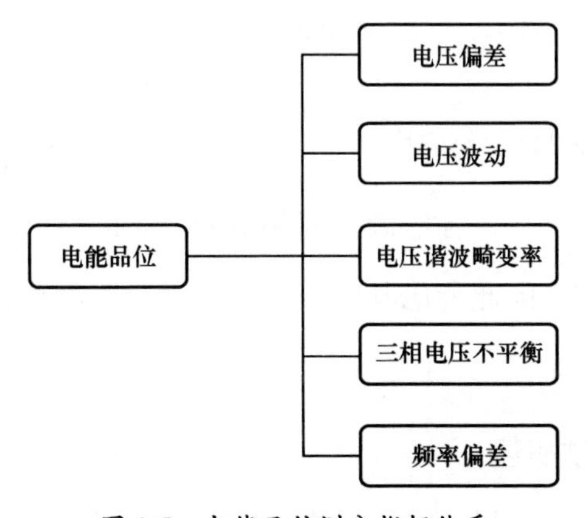

图 1-5　电能品位划分指标体系

3. 热能品位划分指标体系

如 1.1 中所提到的，热能的品位划分指标已有公认的明确定义，因此，本书采用了公认的定义方法和标准，并使用单一维度对热能品位的指标体系进行了划分，具体的划分情况如下所示。

（1）高品位热能。550℃至燃料理论燃烧温度。

（2）中品位热能。170～550℃。

（3）低品位热能。环境温度至 170℃。

1.3 综合能源系统能源品位划分评估算法

如前所述在综合能源系统中，热能可以通过温度直接实现品位划分，而天然气和电能则需要综合品位划分指标的评估结果利用分析算法进行综合评价，划分等级。本书采用层次分析（Analytic Hierarchy Process，AHP）法和优劣解距离（Technique for Order Preference by Similarity to an Ideal Solution，TOPSIS）法，组成 AHP-TOPSIS 组合综合能源系统能源品位划分评估算法，算法总体流程如图 1-6 所示。

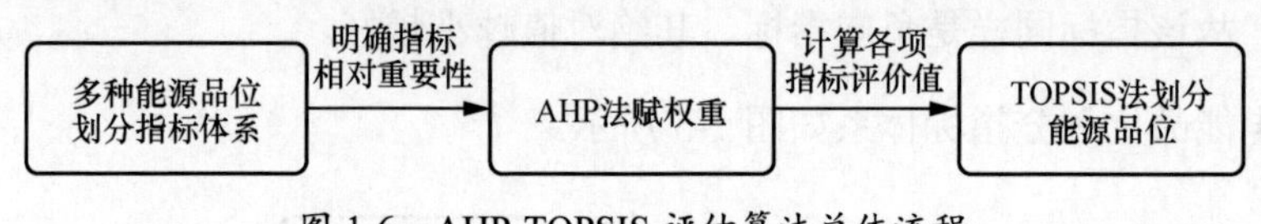

图 1-6 AHP-TOPSIS 评估算法总体流程

1.3.1 层次分析法赋权及应用

在能源品位划分中，各能源之间相对独立，但能源综合利用要求各类能源进行深度耦合。因此考虑其特征，本书采用层次分析法作为权重确定方法。

1. 层次分析法概述

AHP 法用于根据指标之间相互的重要性，为指标赋予权重，把专家意见和分析者的客观判断结果直接而有效地结合起来，把定性方法与定量方法有机地结合起来，使复杂的系统分解，其具体赋权流程如下。

（1）指标重要性比较。设 C_n 是指标体系中各指标 $c_i\ (i=1,2,\cdots,n)$的集合，从层次结构模型的第 2 层开始，对于从属于(或影响)上一层每个因素的同一层诸因素，用成对比较法和 1～9 比较尺度构追成对比较。通过对比各指标之间的相对重要性，构造指标相对重要性矩阵 $\boldsymbol{A}$，即

$$\boldsymbol{A}=\begin{bmatrix} a_{11} & \cdots & a_{1n} \\ \vdots & \ddots & \vdots \\ a_{n1} & \cdots & a_{nn} \end{bmatrix}, a_{ii}=1, a_{ij}\neq 0, a_{ji}=\frac{1}{a_{ij}} \qquad (1\text{-}6)$$

矩阵元素 $a_{ij}\ (i, j=1,2,\cdots, n)$代表指标 i 相对于指标 j 的重要性。a_{ij} 的取值标准见表 1-3。

表 1-3 相对重要性矩阵元素 a_{ij} 取值标准

相对重要性描述	a_{ij} 取值
指标 i 与指标 j 同等重要	1
指标 i 略微重要于指标 j	3
指标 i 一般重要于指标 j	5
指标 i 明显重要于指标 j	7
指标 i 绝对重要于指标 j	9
相邻判断的中间值，需要折中时使用	2,4,6,8

（2）矩阵 $\boldsymbol{A}$ 一致性检验。在得到指标的相对重要性矩阵 $\boldsymbol{A}$ 之后，需要进行一致性检验，来验证相对重要性设置是否合理。首先计算一致性参数 CI，即

$$\text{CI}=\frac{\lambda_{\max}-n}{n-1} \qquad (1\text{-}7)$$

式中：$\lambda_{\max}$ 为矩阵 $\boldsymbol{A}$ 的最大特征根。

随后，计算一致性比例参数 CR，为

$$\text{CR}=\frac{\text{CI}}{\text{RI}} \qquad (1\text{-}8)$$

式中：RI 为平均一致性参数，其取值与矩阵 $\boldsymbol{A}$ 的阶数 n 有关，RI 的部分取值见表 1-4。

表 1-4　RI 的部分取值

矩阵 $\boldsymbol{A}$ 阶数	1	2	3	4	5
RI 取值	0.00	0.00	0.58	0.90	1.12
矩阵 $\boldsymbol{A}$ 阶数	6	7	8	9	10
RI 取值	1.24	1.32	1.41	1.45	1.49

经过计算，倘若一致性比例参数 CR 的值不大于 0.1，则一致性检验通过；反之，则需要重新制定相对重要性矩阵 $\boldsymbol{A}$ 直至通过一致性检验。

（3）得出各指标权重。最终，通过相对重要性矩阵 $\boldsymbol{A}$ 以及其最大特征根 $\lambda_{\max}$ 计算出囊括所有指标权重的权重矩阵 $\boldsymbol{W}$，有

$$\boldsymbol{W} = \lambda_{\max}\boldsymbol{A} \tag{1-9}$$

2. 层次分析法应用

基于所形成的指标体系以及选取的主观赋权算法——层次分析（AHP）法，本书结合所形成的能源品位划分指标体系，对天然气、电能评估指标进行赋权应用，验证所提出综合能源系统能源品位划分指标体系和综合能源系统能源品位划分评估算法的有效性。

（1）使用层次分析法对天然气品位评估指标赋权。结合已有天然气质量划分指标体系研究成果分析当前对天然气各项指标的重视程度：天然气发热值最受重视，许多标准以发热值为划分直接形成天然气的等级；总硫含量与硫化氢含量同样较为重要，因为两大指标直接关系到天然气对管道的腐蚀性；二氧化碳含量是近年逐步开始重视的指标，而采用氧气含量指标对天然气进行评估的指标体系还不多，可见这一指标重要性不大。最终形成指标的相对重要性矩阵，见表 1-5。

表 1-5　　　　天然气品位划分指标的相对重要性矩阵

参数	发热值	总硫含量	硫化氢含量	二氧化碳含量	氧气含量
发热值	1	1	1	3	5
总硫含量	1	1	1	3	5
硫化氢含量	1	1	1	3	5
二氧化碳含量	1/3	1/3	1/3	1	5/3
氧气含量	1/5	1/5	1/5	3/5	1

利用层次分析法，得出各指标的指标权重，见表 1-6。

表 1-6　　　　天然气品位划分指标权重

天然气品位划分指标	发热值	总硫含量	硫化氢含量	二氧化碳含量	氧气含量
指标权重	0.283	0.283	0.283	0.094	0.057

从表 1-6 中可以看出，天然气品位划分指标的重要性排序依次为发热值→总硫含量→硫化氢含量→二氧化碳含量→氧气含量。其中发热值、总硫含量、硫化氢含量这 3 个指标的权重最高，氧气含量指标权重最低。

（2）使用层次分析法对电能品位指标赋权。分析工业园区综合能源系统的接入电压等级，一般在 35kV 以下，以 10kV 为主。因此在对电能品位指标赋权应用中，分布式光伏站、热电联产机组、配网电力的数据采样点电压等级均为 10kV。对于电压偏差、频率偏差、电压谐波畸变率、电压波动、三相电压不平衡度的重要性进行分析。根据已有文献，可做出以下重要性排序。

1）当频率发生偏差时各设备的运行效率会发生显著变化，但如果频率偏差过大则会直接影响工业园区电力系统运行的稳定性，因此频率偏差指标最为重要。

2）当系统中出现电压谐波时会在线路和负荷中产生严重的附加损耗，并且可能出现谐振过电压加速绝缘老化威胁设备运行安全，因此谐波指标较为重要。

3）电压波动只会在短时间内影响设备性能，危害程度较轻，因此重要性一般。

4）电压过高或过低也只是对设备运行效率造成影响而不会危害运行安全，因此电压偏差指标重要性较低。

5）系统中存在单相负荷，则三相不平衡就是难以避免的，只要不超过限值对系统安全和设备运行状态就不会造成太大影响。

根据以上分析，最终形成指标的相对重要性矩阵，见表 1-7。

表 1-7　电能品位划分指标的相对重要性矩阵

参数	频率偏差	电压谐波畸变率	电压波动	电压偏差	三相电压不平衡度
频率偏差	1	9/7	9/5	3	9
电压谐波畸变率	7/9	1	7/5	7/3	7
电压波动	5/9	5/7	1	5/3	5
电压偏差	1/3	3/7	3/5	1	3
三相电压不平衡度	1/9	1/7	1/5	1/3	1

利用层次分析法，得出各指标的指标权重，见表 1-8。

表 1-8　电能品位划分指标权重

电能品位划分指标	频率偏差	电压谐波畸变率	电压波动	电压偏差	三相电压不平衡度
指标权重	0.360	0.280	0.200	0.120	0.040

从表 1-8 中可以看出，频率偏差这一电能品位划分指标的权重最高，为 0.360；电压波形畸变率指标的权重为 0.280，仅次于频率偏差指标；电压波动指标的重要性排名第三，为 0.200；电压偏差指标权重为 0.120，排名第四；权重最低的指标为三相电压不平衡度指标，为 0.040。

1.3.2　TOPSIS 法及应用

在能源品位评估过程中，不仅需要对能源特性本身进行评估确定，还需考虑外部环境，诸如用能用户生产特性、负荷曲线、用户行为等因素，经过研究方法筛选比较后，采用 TOPSIS 法开展能源品位多属性决策。

1. TOPSIS 法概述

TOPSIS 法即优劣解距离法，其基本原理是通过检测评价对象与最理想评估结果集合、最不理想评估结果集合的距离来进行排序，若评估对象最靠近最理想评估结果集合同时又最远离最不理想评估结果集合，则为最好；否则不为最优。其中最理想评估结果集合的各指标值都达到各评估指标的最优值；最不理想评估结果集合的各指标值都达到各评估指标的最差值。

（1）评估结果正向化与归一化。如果有 n 个评估对象，同时有 m 个评估指标结果，则会产生一个 $n \times m$ 的评估结果矩阵 $\boldsymbol{B}$，矩阵 $\boldsymbol{B}$ 中的元素 b_{ij} 表示评估对象 i 在评估指标 j 所取得的评估结果。在这些评估结果中，有一部分指标是越大越好的正向指标评估结果，另外的是越小越好的负向指标评估结果，在利用 TOPSIS 法对评估结果进行综合分析前，需要将所有评估结果正向化，得到正向化评估结果矩阵 $\boldsymbol{B}'$。

对于正向指标评估结果，在正向化评估结果矩阵中，元素值仍为原值，即

$$b'_{ij} = b_{ij} \tag{1-10}$$

对于负向指标评估结果，在正向化评估结果矩阵中，元素值为原值的倒数，即

$$b'_{ij} = \frac{1}{b_{ij}} \tag{1-11}$$

之后，对正向化评估结果矩阵 B'进行归一化，得到无量纲的归一化评估结果矩阵 $\boldsymbol{Z}$，矩阵 $\boldsymbol{Z}$ 中的元素 z_{ij} 计算公式为

$$z_{ij} = \frac{b'_{ij}}{\sqrt{\sum_{i=1}^{n}(b'_{ij})^{2}}}, i = 1,2,\cdots,n; j = 1,2,\cdots,m \tag{1-12}$$

（2）计算加权归一化评估结果。利用 AHP 法得出了 m 个评估指标的权重矩阵 $\boldsymbol{W}$，其中的元素 w_j 代表评估指标 j 的权重。由此计算加权归一化评估结果矩阵 $\boldsymbol{V}$，其中元素 v_{ij} 的计算公式为

$$v_{ij} = w_j z_{ij} \qquad \left(\sum_{j=1}^{m} w_j = 1\right) \tag{1-13}$$

（3）形成最理想评估结果集合与最不理想评估结果集合。根据加权归一化评估结果矩阵 $\boldsymbol{V}$ 得出最理想评估结果集合 B^{pos} 和最不理想评估结果集合 B^{neg}，计算公式为

$$\begin{cases} B^{\text{pos}}=\left\{v_1^{\text{pos}},\cdots,v_j^{\text{pos}}\right\}, B^{\text{neg}}=\left\{v_1^{\text{neg}},\cdots,v_j^{\text{neg}}\right\} \\ v_j^{\text{pos}}=\left\{\max(v_{ij})\right\} \\ v_j^{\text{neg}}=\left\{\min(v_{ij})\right\} \end{cases} \tag{1-14}$$

式中：B^{pos} 为最理想评估结果集合；B^{neg} 为最不理想评估结果集合。

（4）计算各评估对象的最优接近程度。基于权归一化评估结果矩阵 $\boldsymbol{V}$，对各评估对象的最优距离 $S_{i,\text{pos}}$ 和最劣距离 $S_{i,\text{neg}}$ 进行计算，计算公式为

$$\begin{cases} S_{i,\text{pos}} = \sqrt{\sum_{j=1}^{m}\left(v_{ij} - v_j^{\text{pos}}\right)^2} \\ S_{i,\text{neg}} = \sqrt{\sum_{j=1}^{m}\left(v_{ij} - v_j^{\text{neg}}\right)^2} \end{cases} \tag{1-15}$$

最终得出每个评估对象的最优接近程度 $R_{i,\text{ideal}}$ 为

$$R_{i,\text{ideal}}=\frac{S_{i,\text{neg}}}{S_{i,\text{pos}} + S_{i,\text{neg}}} \tag{1-16}$$

评估对象的最优接近程度越大，体现出对象最靠近最理想评估结果集合同时又最远离最不理想评估结果集合。具体体现在能量品位划分过程中，最优接近程度越大，能量质量越高，供能效果越安全可靠，在综合能源系统中的品位也就越高。

2. TOPSIS 法应用

在工业园区综合能源系统中，天然气处于基础产能地位，优先满足园区内天然气负荷需求，其余用于作为热电联产燃料；电能处于天然气下一级，用途更为广泛，高、中、低品位电能供应给有不同生产需求的园区用户，其余进行热能生产；热能处于园区能源供应最低级，高、中、低品位热满足不同用户的生产、生活需求，其余用于制冷。在确立了天然气、电能、热能的综合能源梯级序列后，进一步结合实际能源数据，进行天然气、电能、热能各自能源范畴内的能源品位划分应用，来确定能源的不同用途，验证所述能源品位划分评估算法的有效性。

（1）使用 TOPSIS 法对天然气品位评估。基于前文的天然气品位指标赋权结果，利用天然气样品数据，来进行品位划分验证，天然气样品各指标数据见表 1-9。

表 1-9　　天然气样品各指标数据

样品编号	发热值/（MJ/m^3）	总硫含量/（mg/m^3）	硫化氢含量/（mg/m^3）	二氧化碳含量（%）	氧气含量（%）
天然气样品 1	43.6	23	5.7	3	0.2
天然气样品 2	36	23	5.7	2	0.5
天然气样品 3	42.8	50	5	2	0.2
天然气样品 4	35.2	120	5	1.5	0.01

经过正向归一化、加权归一化后，得出天然气品位加权归一化评估结果以及最理想评估结果集合、最不理想评估结果集合，具体结果见表 1-10。

表 1-10　　天然气品位加权归一化评估结果

样品编号	发热值	总硫含量	硫化氢含量	二氧化碳含量	氧气含量
天然气样品 1	0.156	0.189	0.132	0.030	0.003
天然气样品 2	0.129	0.189	0.132	0.046	0.001
天然气样品 3	0.153	0.087	0.150	0.046	0.003

续表

样品编号	发热值	总硫含量	硫化氢含量	二氧化碳含量	氧气含量
天然气样品 4	0.126	0.036	0.150	0.061	0.057
最理想评估结果集合	0.156	0.189	0.150	0.061	0.057
最不理想评估结果集合	0.126	0.036	0.132	0.030	0.001

最终得到各天然气样本的最优距离、最劣距离及最优接近程度，最终完成天然气样品的品位划分，见表 1-11。

表 1-11　　天然气品位评估结果

样品编号	最优距离 $S_{i,\mathrm{pos}}$	最劣距离 $S_{i,\mathrm{neg}}$	最优接近程度 $R_{i,\mathrm{ideal}}$	品位划分
天然气样品 1	0.065	0.155	0.706	1
天然气样品 2	0.066	0.153	0.698	2
天然气样品 3	0.116	0.062	0.349	3
天然气样品 4	0.155	0.066	0.298	4

该方法最终依据各指标的重要性程度，结合各天然气样品的指标值，对天然气样品的品位完成了评估与划分。

（2）使用 TOPSIS 法对电能品位评估。基于前文的电能品位指标赋权结果，提取 10kV 电压等级下的分布式光伏站、热电联产机组、配网采样点的电能质量数据。分布式光伏电站装机容量为 1MW，热电联产机组配置 2 台容量为 14.4MW 的燃气轮机。电能各指标采样数据见表 1-12。

表 1-12　　电能各指标采样数据

采样点位置	频率偏差/Hz	电压谐波畸变率（%）	电压波动（%）	电压偏差(%)	三相电压不平衡度（%）
配电网	0.030	1.803	0.086	3.580	1.012
热电联产供能站	0.170	2.090	1.370	0.110	1.740
分布式光伏电站	0.530	5.260	0.847	4.010	2.350

经过正向归一化、加权归一化后，得出电能品位加权归一化评估结果以及最理想评估结果集合、最不理想评估结果集合，具体结果见表 1-13。

表 1-13　　电能品位加权归一化评估结果

样品编号	频率偏差	电压谐波畸变率	电压波动	电压偏差	三相电压不平衡度
配电网	0.354	0.205	0.199	0.004	0.032
热电联产供能站	0.062	0.177	0.012	0.120	0.019
分布式光伏电站	0.020	0.070	0.020	0.003	0.014
最理想评估结果集合	0.354	0.205	0.199	0.120	0.032
最不理想评估结果集合	0.020	0.070	0.012	0.003	0.014

最终得到各电能采样数据的最优距离、最劣距离及最优接近程度，最终完成电能的品位划分，见表 1-14。

表 1-14　　电能品位评估结果

样品编号	最优距离 $S_{i,\text{pos}}$	最劣距离 $S_{i,\text{neg}}$	最优接近程度 $R_{i,\text{ideal}}$	品位划分
配电网	0.116	0.406	0.777	1
热电联产供能站	0.347	0.164	0.320	2
分布式光伏电站	0.419	0.008	0.018	3

从表 1-14 中可以看出，配电网的电能品位划分排名第一，其次是热电联产供能站以及分布式光伏电站。

以上即为利用综合能源系统能源品位划分指标体系与评估算法对不同能源进行品位划分的可行性实证。

1.3.3　AHP-TOPSIS 评估算法特点

在完成权重确定方法和多属性决策方法选取，从而形成 AHP-TOPSIS 评估算法后，进一步结合评估算法需求以及权重确定方法和多属性决策方法主观、客观特性对该评估算法进行分析概述。

在多种能源品位评估指标的权重赋予阶段，重点在于工作人员可以根据评估工作的侧重点进行指标的灵活调整，而客观赋权算法是根据评估结果所包含的信息熵等因素进行赋权，评估人员无法对赋权过程进行调整。因此客观赋权算法难以适应多种能源品位评估指标的赋权要求。在主观赋权算法中，德尔菲法需要经过一个多方匿名磋商的过程实现指标权重调整，实施较为复杂。相比之下，层次分析（AHP）法依据评估工作人员对于评估侧重点的判断快速实现能源品位划分指标赋权，可充分保证赋权过程的灵活性。

在多种能源品位评估指标得出能源评估数据，进行能源品位综合评估的阶段，就需要依据园区内能源供应的实际条件，从客观角度进行能源品位的综合评估。传统的能源质量评估工作思路是先划定几等标准的综合得分等级，之后根据指标权重、能源评估数据计算能源的综合得分后与标准综合得分对照，得出能源评估结果。这种直接划定综合得分的做法潜藏了极大的主观影响，同时如果标准综合分数跨度设置不当，则无法实现能源品位的有效区分。通过对以上评估要点进行把握，同时考虑评估算法的执行效率，本书最终选定了 TOPSIS 法。该法可从能源评估数据中提取各指标的最优、最劣情况，实现对能源的品位排序，客观、充分地考虑工业园区能源供应的具体情况，且复杂度较低，与能源品位综合评估工作要求高度契合。

综上所述，在当前赋权算法、决策方法对比分析下，所形成的 AHP-TOPSIS 评估算法是契合能源品位评估工作要求，并兼顾算法主观、客观评价特性的理想评估算法。

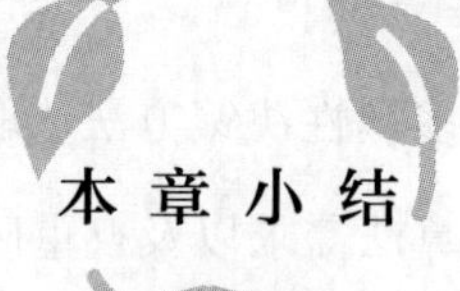

本章小结

工业园区是当前综合能源系统项目的主要推广应用对象，在传统用供能结构下，工业园区存在能源应用低能效、高耗能、高排放的限制。综合能源系统则可以通过能源转换、互补互济，能够经济、灵活地满足工业园区内多样、高量级的能源负荷。

工业园区多能源系统是综合能源系统的重要支撑节点，包含了电、气、热等多个能源网络，能源供需关系更为复杂，供电可靠性要求高，但普遍存在能源利用率低、能源结构不合理、环境污染等问题。工业园区相较于传统能源分供系统，其能量转换过程大多涉及能量的梯级利用，只有综合考虑能量的"质与量"，才能实现系统内电、气、热等不同品位能量的耦合与转换利用。如何对综合能源系统中的多种能源进行品位划分，实现对多能源系统中能源价值的准确评估，已成为当前综合能源系统研究领域普遍关注的重点问题。

本章在已有综合能源系统的研究和实践基础上，进行多种能源的品位划分指标选取，形成以电、热、气为主的多种能源品位划分指标体系；分析适宜的评价算法，结合指标体系对各类能源进行品位评定，得到可用于多种能源品位划分的多种类能源品位划分机制。本章主要内容如下。

（1）分析总结国内外能量梯级利用供能结构研究情况以及综合能源系统品位划分指标体系、评价方法的研究现状。

（2）分析当前天然气、电能、热能等能量的品位划分指标体系研究情况以及存在的问题，分别针对天然气、电能、热能等能量的不同特性进行分析，通过对国内外现有天然气、电能、热能评估指标，明确了能源评估以能源供应可靠性、高效性为出发点，为建立整合气、电、热等多种能源领域的综合能源品位划分指标体系奠定基础。

（3）遵循着 SMART 法则，以能源供应可靠性、高效性为评估出发点，针对天然气、电能、热能等能量的不同能源特征，建立了不同的品位划分指标体系。在天然气品位划分方面，将备受关注的天然气发热值作为评价重点，兼顾关系到供能可靠性的硫化物指标，并且引入了近年来逐渐受重视的二氧化碳和氧气含量，构建了天然气品位划分指标体系，该指标包括天然气发热值、总硫含量、硫化氢含量、二氧化碳含量及氧气含量 5 项指标；在电能品位划分方面，将电能供应的可靠性、稳定性作为评价重点，选取了频率偏差、电压谐波畸变率、电压波动、电压偏差及三相电压不平衡度5项指标；对于热能品位划分，则沿用最为成熟的热能温度划分指标，明确间接地量化单位能量所具有可用能的比例。电、热、天然气品位评估各具侧重点，形成了完整的多种能源品位划分指标体系。

（4）对多种评估算法进行具体分析，针对能源品位划分的具体需求分析当前主要的权重确定方法与多属性决策方法优劣势。在权重确定方法方面，当前的主观赋权方法侧重于参考评估任务重点以及评估参与人员对指标的侧重点赋予评价指标权重，客观赋权法则需要在评估结果得出后根据其离散程度判断数据的重要性，进而为评估指标赋予权重。综合能源品位评估工作需要依据依照能源系统、能源用户对各类能源指标的重视程度进行权重赋予，因此赋权方式应当在主观赋权方法中进行选取，最终选取层次分析法为赋权方法。在多属性决策方法方面，相较于以特定的数值设置能源品位高低界限造成一些能源评估结果区分性不大的问题，决策方法应当立足于评估系统，结合所面对系统能源供应的实际情况进行能源品位高低划分，因此选取TOPSIS 法作为综合能源系统能源品位划分评估算法。进而基于当下应用较广的层次分析法、TOPSIS 法，整合、改进形成 AHP-TOPSIS 综合能源系统品位划分评估算法。在构建起天然气、电能、热能能源品位划分指标体系的基础上，层次分析（AHP）法可以实现根据评估任务对能源特性的侧重点进行更为灵活的指标赋权。在根据指标的重要性赋予权重后，进一步明确在工业园区综合能源系统中，天然气处于基础产能地位，优先满足园区内天然气负荷需求，其余用于作为热电联产燃料；电能处于天然气下一级，用途更为广泛，高、中、低品位电能分别供应给有不同生产需求的园区用户，其余进行热能生产；热能处于园区能源供应最低级，高、中、低品位热满足不同用户的生产、生活需求，其余用于制冷。阐明天然气、电能、热能的综合能源梯级序列后，进行然气、电能、热能各自能源范畴内的能源品位划分。TOPSIS多属性决策算法结合实际数据的情况进行品位高低划分，这种划分避免了人为主观设定数值划分优劣，而是通过客观比较评估对象的实际情况，从评估对象的指标值中选取最优和最劣情况，之后通过比较评估对象与最优情况的接近程度，得出评估对象的品位高低。

本书所形成的AHP-TOPSIS综合能源系统品位划分评估算法可根据评估需求调整指标权重，同时基于评估对象的数值情况因地制宜进行能源品位划分，因此具有更广泛的适用性。

2 工业园区能源需求及典型用能行为

工业园区是当前综合能源系统项目的主要推广应用对象，在传统用供能结构下，工业园区存在能源应用低能效、高耗能、高排放的限制。综合能源系统则可以通过能源转换、互补互济，能够经济、灵活地满足工业园区内多样、高量级的能源负荷。本书接下来对工业园区能源需求及其典型用能行为进行分析，形成工业园区内主要用电客户的典型日电能、热能负荷曲线特征集与用能特征分析评述，为后续形成工业园区用户需求能量梯级利用功能策略提供依据。下文将介绍支撑能源需求以及典型用能行为分析的工业园区用户用能分析方法。

2.1 工业园区用户用能数据分析

供电负荷特性研究是电网规划建设的依据和基础，通过对区域负荷特性的深入分析，掌握负荷变化的主要因素和机理，从而实施高效的电网调控措施。因此，电力企业有必要对负荷进行合理聚类，归纳同类负荷的统一特征。掌握负荷特性和变化规律有利于建立适应性高、符合实际的负荷模型。在现如今智能电网较为普及的大背景下，电力企业已经在一定范围内布置了用电信息采集系统、营销系统及客户服务系统，这些系统为收集用户的用电信息提供了便利，充分地利用这些数据，能够进一步明确区分负荷之间的特性差异，实现对用户用能行为的有效聚类分析。

当前的工业园区已经从单一企业使用的生产园区进一步演化为多种企

业入驻的多产业集成园区，各企业用户具有不同的生产规律，也就产生了能源负荷变化趋势上的差异。本章利用数据挖掘技术对工业园区内常见企业的负荷进行数据削减与聚类分析，不仅要从理论上分析其能量品位需求，还要根据负荷数据定量分析其典型变化趋势。因此本节利用数据挖掘技术中的聚类算法对用户负荷形态进行分析。单一用户在一定时间段内，其用能所产生的负荷曲线形态、负荷值变化具有极高的相似性。以这一特点为依据，研究首先以基于欧式距离的聚类算法得到单一用户一定时期内的典型负荷形态曲线，从而剔除由于少数意外用电行为而产生的影响与偏差，继而有概括性地得到单一用户的负荷形态特征。针对从历史数据中提取典型时间特征这一问题，聚类算法已经发展得较为成熟。立足于用户侧负荷历史数据特点的角度来说，此类数据体量巨大，所包含的特征并不明显，而 C-均值聚类算法可以挖掘海量数据中的潜在类别信息以及特征，在工程应用方面已经取得了强大的实际效果。因此，选择改进并使用 C-均值聚类算法，对用户侧负荷特征进行聚类。

聚类属于机器学习中一种无监督的学习方式，即将数据集中的样本划分成多个互不相交的子集，各子集为一个“簇”，其中各个簇对应于一些未知的概念（类别）。电力负荷曲线聚类能够有效地辨识典型的负荷曲线，并且将具有相似用电模式的用户归为同一类，是配用电领域的基础，也是不良数据识别、需求侧管理和能效管理、用电客户精细分类、电力负荷特性分析等多种配用电数据挖掘应用的基础。因此，对适合电力负荷曲线聚类的算法进行研究是必要的，也是实现智能电网用电控制的关键之一。

传统的 FCM 聚类算法能够全面提取样本与多个聚类中心的相似特性进行聚类，但也容易受到多个聚类中心影响，产生局部收敛、误聚类等问题；传统的 PCM 聚类算法能够提取样本与聚类中心的主要相似特征进行聚类，但初始聚类中心的选择在该算法中影响巨大，当多个初始聚类中心出自相同的类别时，极易产生重合聚类。为全面把握样本数据特征，实现完善化、精准化数据分析与聚类，本书基于 FCM 与 PCM 的聚类基本原理，结合两聚类方法目标函数的特征参数设置机制，进一步提出可能性模糊 C−均值聚类算法（PFCM）进行负荷聚类。聚类算法改进创新机理流程如图 2-1 所示。

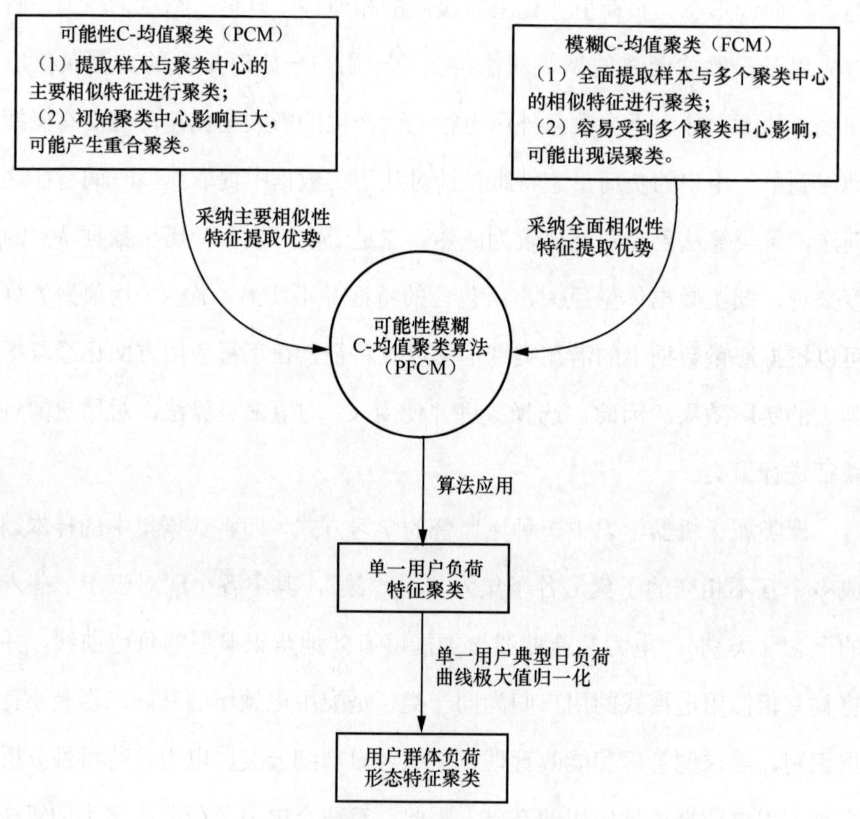

图 2-1　聚类算法改进创新机理流程

2.1.1　单一用户负荷特征聚类算法

正如前文所述，单一用户在一定时间段内，其用能所产生的负荷曲线形态、负荷值变化具有极高的相似性。因此，本节以欧式距离相近为聚类依据，提出一种获取单一用户负荷特征曲线的方法，用以描述单一用户全年的负荷

特征。结合单一用户负荷特征聚类过程，对该方法所使用的可能性模糊 C-均值聚类算法（PFCM）目标函数说明如下，有

$$\min\left[J_{m,\eta}(\boldsymbol{U},\boldsymbol{T},\boldsymbol{V},\boldsymbol{X})=\sum_{k=1}^{n}\sum_{i=1}^{c}\left(au_{ik}^{m}+bt_{ik}^{\eta}\right)\times\left\|x_{k}-v_{i}\right\|^{2}+\sum_{i=1}^{c}\gamma_{i}\sum_{k=1}^{n}\left(1-t_{ik}\right)^{\eta}\right] \quad (2\text{-}1)$$

式中：u_{ik} 为隶属度矩阵，$\sum_{i=1}^{c}u_{ik}=1\ (k=1,\cdots,n)$，且 $u_{ik}\geqslant 0$；t_{ik} 为典型性矩阵，$t_{ik}\leqslant 1$；a 用于表征隶属度值的影响，$a>0$；b 用于表征典型性值的影响，$b>0$。

由目标函数可知，在可能性模糊 C-均值聚类算法（PFCM）模型中，若有 $b>a$，则可以确定在确定聚类中心的过程中，受到样本数据典型性的影响会更大。

此外，若对于所有的 i 和 k，以及 $m>1$，有

$$D_{ik}=\left\|x_{k}-v_{i}\right\|>0 \quad (2\text{-}2)$$

况且，X 中至少含有 c 个独立数据点，则有

$$(\boldsymbol{U},\boldsymbol{T},\boldsymbol{V})\in M_{fcn}\times M_{pcn}\times R^{\mathrm{p}} \quad (2\text{-}3)$$

该算法的核心步骤为：首先设定聚类数目 c，且 $1<c<n$ 并设定 m 取值范围为[0,∞]；其次初始化算法迭代次数 L，使之为 1；进一步将可能性划分矩阵 u_{ik} 初始化，设定 η 的值；最后循环进行以下计算过程，直至目标函数与之前一次的差值小于设定的阈值或 L 大于 $L_{\max}$ 时。

对隶属度原型矩阵 $\boldsymbol{U}$ 进行计算，依据公式为

$$u_{ik}=\left[\sum_{j=1}^{c}\left(\frac{D_{ikA}}{D_{jkA}}\right)^{2/(\mathrm{m}-1)}\right]^{-1},(1\leqslant i\leqslant c;1\leqslant k\leqslant n) \quad (2\text{-}4)$$

对典型性原型矩阵 $\boldsymbol{T}$ 进行加权，依据公式为

$$t_{ik}=\frac{1}{1+\left(\frac{b}{\gamma_{i}}D_{ikA}^{2}\right)},(1\leqslant i\leqslant c;1\leqslant k\leqslant n) \quad (2\text{-}5)$$

计算聚类中心 $\boldsymbol{V}$，依据公式为

$$v_i = \frac{\sum_{k=1}^{n}(au_{ik}^m + bt_{ik}^\eta)X_k}{\sum_{k=1}^{n}\left(au_{ik}^m + bt_{ik}^\eta\right)}, (1 \leqslant i \leqslant c) \tag{2-6}$$

重新对 η 的值进行估计，并再次进行聚类步骤。

可能性模糊 C–均值聚类算法（PFCM）结合了前文所述的两种软聚类方法的优点，综合数据样本隶属度以及典型性进行划分聚类。

针对本工业园区主要用户中各单一用户进行负荷特征聚类，算法流程如图 2-2 所示。

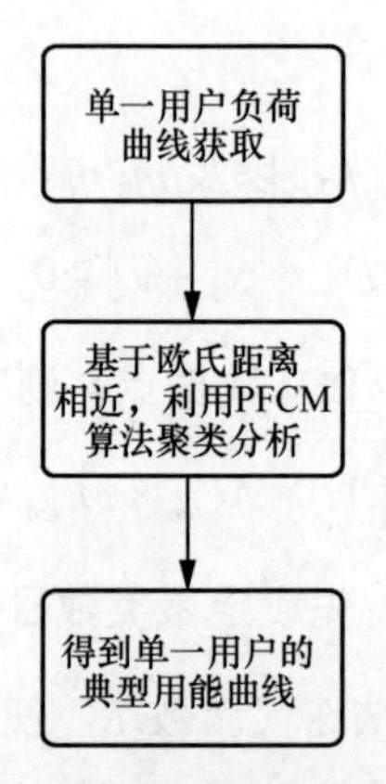

图 2-2　单一用户负荷特征聚类算法流程

2.1.2　基于 PFCM 的同类用户负荷特征聚类算法

综合分析现有用户负荷聚类研究，相同类型的用户往往遵循相似的用能规律。因此，相同类型的用户负荷形态呈现出相似关系，仅仅是负荷数量级存在差距。因此，本算法以前述包含单一用户典型负荷特征的典型用能曲线为数据基础，以典型负荷特征形态的相似性为依据进行聚类，将不同用户按照其典型负荷形态的相似性进行分类，以掌握用户负荷形态的群体共性特征。

首先，对来自同类别的不同用户典型用能曲线数据进行归一化。对归一化方法的选取，既要考虑降低归一化方法带来的源数据的信息压缩与丢失，又要注意降低归一化方法的复杂性。综上所述，本书选择极大值归一化方法进行用户典型用能曲线的形态信息的提取，归一化计算公式为

$$x_{if}^{*}=\frac{x_{if}}{x_{i\max}} \tag{2-7}$$

式中：x_{if} 为单一用户典型负荷曲线数据，$x_{i\max}$ 是单一用户典型负荷曲线数据中的最大值；x_{if}^{*} 为归一化后的无量纲数据值。

在归一化后，负荷的量级差异被消除，保留下来的就是负荷形态特征。

在提取日负荷曲线的形态信息之后，进一步利用可能性模糊 C−均值聚类算法（PFCM）进行聚类，算法流程如图 2-3 所示。

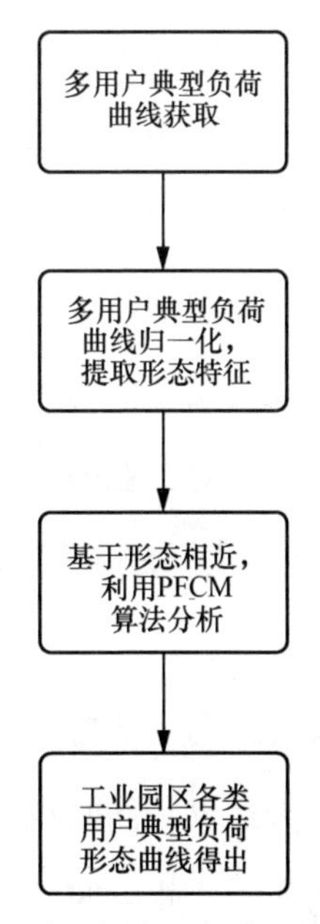

图 2-3　用户群体负荷形态特征聚类算法流程

算法利用单一用户负荷特征获取环节中得到的众多用户的典型日负荷曲线，进行极大值归一化来提取日负荷曲线的形态信息。利用这一归一化步骤改进了 PFCM 聚类算法，使之可以基于形态相似性进行聚类，为众多用户的典型日负荷曲线进行分类。

2.2 工业园区用户能源需求分析

随着能源市场交易制度的不断完善与发展，在区域综合能源系统中参与电力交易的利益主体与日俱增，多方利益团体均期望在交易过程中谋求最高的经济利益。然而不同类型的用户和运营商等存在着多样化的优化目标和供用能需求。这些年，随着各大城市建设格局的调整，都开始陆续建设不同类型的产业园区，尤其是工业园区的规模发展的较为迅速，大量工业企业开始向园区集中。工业园区的能耗在全社会的能源消耗量中占有很大的比例，为了保证园区各企业的生产用能，尤其是为达到园区负荷峰值持续增长的要求，能源企业在园区能源供应网络建设上进行了很大的投资，然而由于在实际运行当中满负荷运行时间的比率很小，所以出现了设备利用率较低，投资回报率差等局面。工业园区内工业用户发达、负荷需求复杂，正是由于对用户用能行为以及用能需求特征定位模糊，进而造成能源结构不合理、能源利用率低、负荷峰谷差额大、环境污染等问题。

从总体上基于不同的能源需求对工业园区内能源用户进行角色划分，与自然界中的生态系统类似，工业园区入驻用户在用能结构中的角色可以归纳概括为生产者、消费者及分解者 3 种。

（1）生产者。生产者是指直接利用从自然界获取的原料，主要是一次性化石能源等，包括煤、石油、天然气，同时也包括风能、太阳能等新能源，来为园区内其他企业提供电力热力，此类的能源用户通常视为电源点或能源基站等。

（2）消费者。消费者是园区内的能源消耗的主要群体，此类利用生产者从初级能源转化的二次能源从事经营与生产活动，创造经济利益。但是，在经营、生产过程中消费者用户往往也会产生部分的可以再次回收利用的能源，利用烟气余热、高炉气等，这些也可以作为能源产品对外进行输出。

（3）分解者。针对整个园区内的能源副产品和废弃物，分解者通过采用新的技术手段，实现能源的回收利用与资源的循环利用，同时最大可能地消除园区内污染源的存在，并减小园区用户经营、生产对环境的危害，实现了经济利益与生态效益的共赢。

与此同时，工业园区内能源用户往往具有多种的身份类型，同一用户可能既是生产者又是消费者，也可能既是分解者又是生产者，甚至3种角色共存，总体上来说，同一能源用户会在工业园区的用能结构中承担多种角色。具体来讲，园区内能源用户的能源需求可以由园区内部的分布式能源设备提供，也可以来自为园区供能的能源企业。园区能源用户在自身能源需求完全满足的情况下，也可以向园区内其他用户提供可利用能源或副产品。对于工业园区来说，整体分析各个企业的能量流与物料流动情况，科学建立各用户间的能量循环与物料循环系统，实现园区内资源与能源高效供应，资源能源循环利用，实现园区内能源用户互补、经济效益最大化，也是构建园区入驻用户生态系统的重要组成部分。

在对工业园区具有不同能源需求的入驻用户进行总体角色分类的基础上，立足于用户的企业类型，对工业园区内能源用户能源需求进行进一步分析。

当前国内推行的工业园区大多强调同类产业的集群效应，典型工业园区重点发展产业包括装备制造业、石化精炼、制浆造纸、电力产业、有色产业、烟酒产业、钢铁冶金产业、建材产业、煤炭产业、医药、食品加工、旅游商品特色产业、污水处理以及电子信息、新材料、生物技术、节能环保、新能源等新兴产业。因此，根据国内典型工业园区产业规划布局，园区中产业大致可归类为离散制造业、过程工业及新兴研发产业3种类型。

2.2.1 离散制造业

离散制造业主要包括通信设施、航空航天、电子设备、机床、汽车、各类型家电、玩具制造业以及服装等产业类型，其产品大多是由零部件组装起来的、具备使用功能的某种物品，消耗的能源以生产加工设备耗用的动力为主，主要消耗电能；但是该类型产业园区厂房的采暖和空调往往占总能耗比例较大。

上述园区产房用能的特点基本与建筑物终端用能相近。其中，用电耗能约占总能耗的14%，采暖空调和热水供应用能约占80%。

2.2.2 过程工业

过程工业包括电力、冶金、化工、建材、造纸、食品、医药等工业类型，其原料和产品一般都是具有特定功能和性质的材料或者物料。实际上，我国产业结构中，过程工业的耗能总量远大于离散制造业耗能总量，而过程工业终端用能的构成中，用电占总耗能比例较小，其热电比一般大于 3。过程工业的用热需求当中，蒸汽一般占比较大，其次为物流加热。针对不同的工业过程，用热需求的温度范围差异性较大。比如，建材工业用热范围为800～1 000℃，而食品工业用热一般在100℃左右；炼油工业用热需求范围较广，为100～500℃。

工业用冷需求的温度范围也很广，从乙烯工业、空气液化分离过程约−180℃的深冷需求，到0～20℃的一般浅冷需求都有。

与建筑物终端能源需求相比，工业用能需求更大。工业用能需求占我国总能耗的40%以上，其热电比与建筑物终端能源需求相比更大。以炼油工业为例，包括蒸汽需求和热需求在内的热电比一般大于3。

2.2.3 新兴研发类型产业

对于园区中电子信息、新材料、生物技术、节能环保、新能源等新兴研发类型产业，使用生产用蒸汽的几率不大，即使有生产用蒸汽负荷，蒸汽用户点也会很分散，每个热用户的蒸汽用量估计不会太大。考虑到生产和输送蒸汽的经济性，分散的蒸汽用户可采取燃气、电等小型热源解决。

综上，产业园区大部分用热、用冷需求都是可以通过多能互补集成综合能源技术来生产和提供。园区多能互补综合能源供能方式不仅可提高分布式能源转换效率，而且可通过更高层次上的集成优化最终提升能源终端利用效率，从而实现最大的经济效益。

2.3 工业园区用户典型用能行为分析

将工业园区的负荷数据聚类成不同的用户类别。单一用户在一定时间段内，其用能所产生的负荷曲线形态、负荷值变化具有极高的相似性，以欧式距离为聚类基本依据，利用改进的可能性模糊 C-均值聚类算法（PFCM）进行聚类，该算法的核心步骤参见 2.1。

得到单一用户的用能曲线后，需要对同类用户再次进行聚类。

依照以往研究，相同类型的用户往往遵循相似的用能规律，因此，相同类型的用户负荷形态呈现出相似关系，仅仅是负荷数量级存在差距。因此，这一步以单一用户典型负荷特征为基础，以典型负荷特征形态的相似性为依据进行聚类，将不同用户按照其典型负荷形态的相似性进行分类，以掌握用户负荷形态的群体特性，在工业园区内，一般存在轻工纺织业、电气电子制造业、金属加工业、化工制造业、商业等多种用户，通过对负荷数据进行聚类分析，可进一步了解工业园区用户的普遍能源需求和典型用能行为作为能量梯级利用供能结构设计的依据。

通过基于天津、江苏等地的工业园区、高新技术园区负荷数据进行负荷特性聚类实证分析，该工业园区数据涵盖了天津、江苏主要工业园区中 123 户工商业用户的日逐时用能曲线数据负荷数据，具有一定的代表性。

应用本书所形成的负荷聚类方法得到工业园区内各类用户的典型日负荷形态，根据行业类别以及相似的负荷形态和能源质量需求，用户负荷需求被分为电子制造业、金属加工业、纺织业、非金属加工业、商业及数据中心六类。

2.3.1 电子制造业

近年来，国内电子制造业发展迅猛，根据国家统计局数据显示，2017 年上半年我国规模以上电子信息制造业增加值同比增长 13.9%，同比加快 4.7 个百分点；快于全部规模以上工业增速 7.0 个百分点，占规模以上工业增加值比重为 7.2%。其中，6 月份增速为 14.6%，比 5 月份加快 3.5 个百分点。出口实现较快增长。上半年，出口交货值同比增长 13.4%（去年同期为下降 2.4%）。其中，6 月份同比增长 15.4%。近年来，深入推进 “中国制造+互联网”，建设若干国家级制造业创新平台，实施一批智能制造示范项目，启动工业强基、绿色制造、高端装备等重大工程。在制造业与互联网融合发展的过程中，大数据和集成电路产业迎来了产业发展机遇期。

电子制造业包括电子元器件制造企业以及电子设备制造业，依靠电力驱动制造设备进行产品生产，这些制造设备对于频率偏差和电压偏差的要求很高，因此需要较高品位的电能。

1. 行业特点

（1）电子类生产企业是典型的离散型制造企业，具有多品种、多批量/单件的生产组织方式。多数电子类生产企业按订单组织生产，临时插单现象多，通常需要进行新产品试制。生产订单分为两种类型：①小批量多品种；②大批量品种少。

（2）整个生产过程不是连续的，各阶段、各工序间存在明显的停顿和等待时间，产品的生产过程通常被分解成很多加工任务来完成，每项任务仅要求企业的一小部分能力和资源。

（3）生产的工艺路线和设备的使用非常灵活，在产品设计、处理需求和定货数量方面变动较多。材料清单（Bill of Materials，BOM）中需要对一种产品的不同的 BOM 版本进行管理，并同时要求物料需求计划（MRP）运算时能自由选择 BOM 的版本。

（4）所用的原材料和外购件具有确定的规格，产品结构可以用树的概念进行描述，最终产品是由固定个数的零件或部件组成，形成非常明确和固定的数量关系。

2. 电能需求

利用本书所形成工业园区用户用能数据分析方法，结合工业园区电子制造业用户数据进行用户用能行为聚类分析算法流程的详细演示。先对单一电子制造业用户负荷历史数据进行聚类，得到的聚类结果如图 2-4 所示。

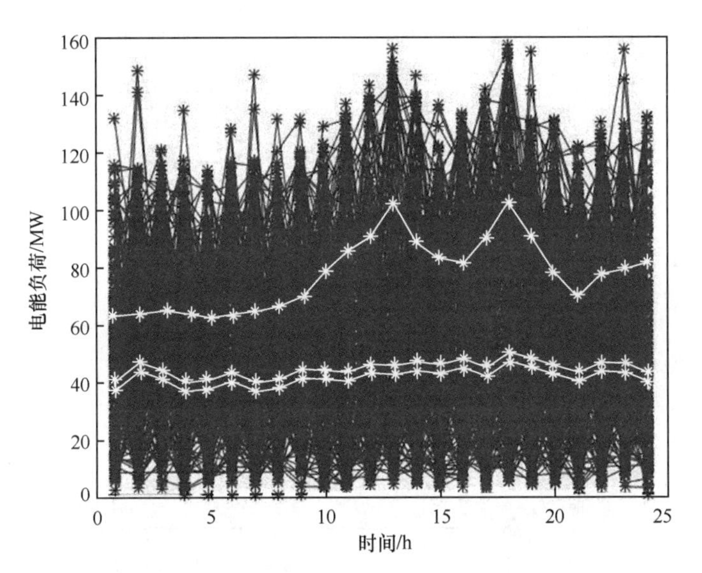

图 2-4　单一电子制造业用日电能负荷历史数据聚类结果实例

初步观察聚类结果可知，对单一用户历史数据进行聚类后，由于历史负荷数据中有不同变化趋势的曲线，会形成多个聚类中心。为进行最具典型性的聚类结果提取，进一步甄别这些聚类中心所代表类别包含的历史负荷数据的规模，判断出哪些类别中历史负荷数据分布较为稀疏，即可选取包含历史数据的规模最大的聚类中心为单一电子制造业用户典型日电能负荷曲线。

进一步观察聚类结果，在单一电子制造业用日电能负荷历史数据聚类结果中，形成了 3 个聚类中心，其中一个负荷水平较高，呈现出双峰趋势；剩余两个均处于较低的负荷水平，趋势较为平缓。

对单一电子制造业用户负荷历史数据各聚类中心所形成的数据聚类分组进行包含历史数据规模分析甄别，如图 2-5 所示。可以看出，单一用户负荷历史数据的其中一个聚类中心所在分组内聚集了大量的数据，这就是该用户工作日的最典型用能曲线；与此同时，在其他的聚类中心所形成的分组内，聚类中心显得十分稀疏，分析这些数据所在日期，可以发现这些历史数据大多在节假日产生。由此可知，在一些节假日中，用户不进行正常的生产任务，也会产生一些用能数据，但这些数据所形成的聚类中心不具备典型性，不能用于描述用户经营、生产所产生的电能负荷特征。

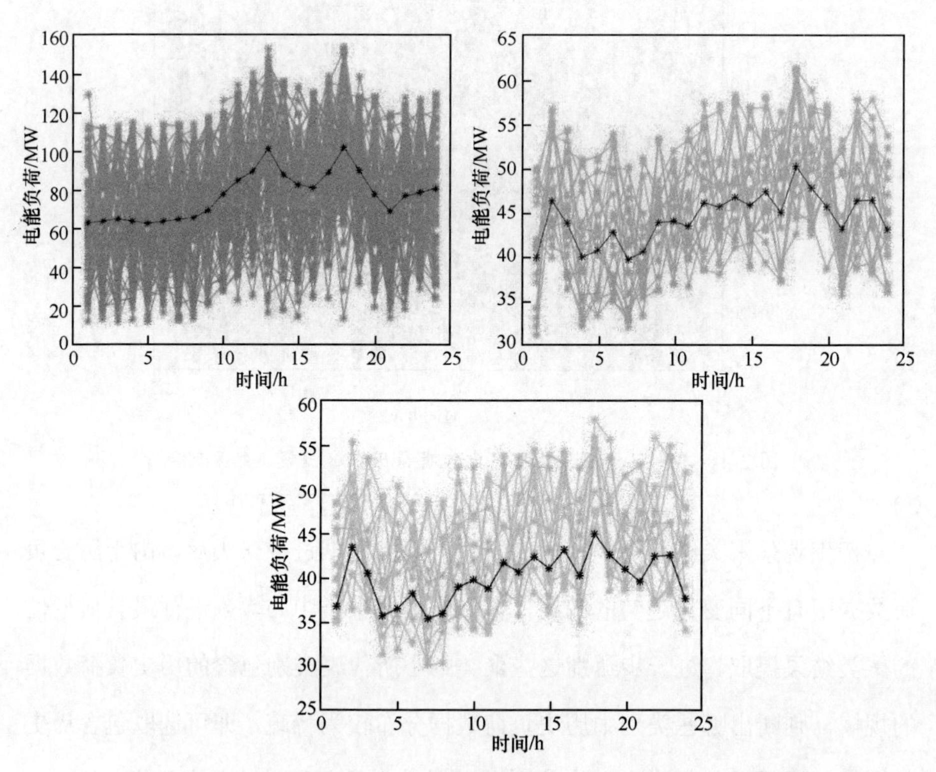

图 2-5　单一电子制造业用户日电能负荷历史数据聚类中心分析范例

进一步针对单一电子制造业用户日电能负荷历史数据聚类中心所在聚类分组进行分析，呈现双峰趋势、负荷水平较高的聚类中心分组内历史数据规模较高。同时，两个处于较低的负荷水平，趋势较为平缓的聚类中心分组内历史数据规模极低。结合数据产生日期判断，双峰趋势聚类中心为单一电子制造业用户在日常经营生产节律下所产生的负荷曲线。而两个变化平缓的聚类中心则为节假日等特殊情况产生负荷数据的变化趋势，无法用于对用户日常用能节律进行描述。

对电子制造业用户负荷历史数据均作相同的聚类分析，得出所有单一电子制造业用户典型日电能负荷曲线，进一步进行归一化，得到标幺化的单一电子制造业用户典型日电能负荷变化趋势曲线。进一步对这些荷变化趋势曲线进行聚类，得到聚类结果如图 2-6 所示。

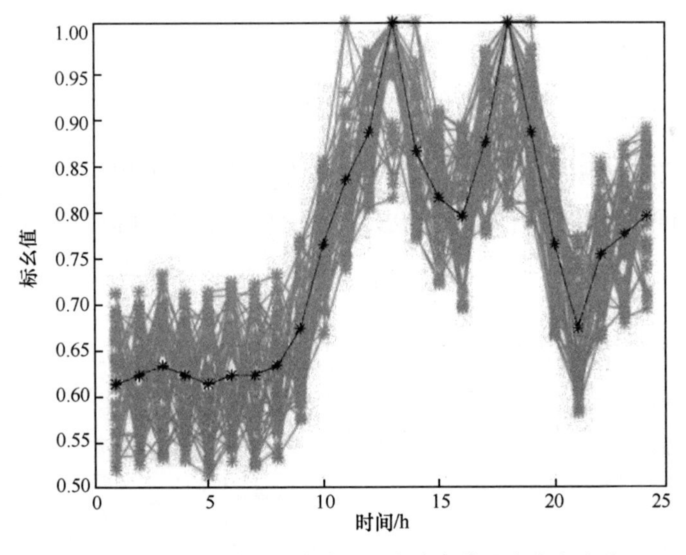

图 2-6　电子制造业用户典型日电能负荷曲线聚类结果

由聚类结果提取出电子制造业用户典型日电能负荷曲线，如图 2-7 所示。

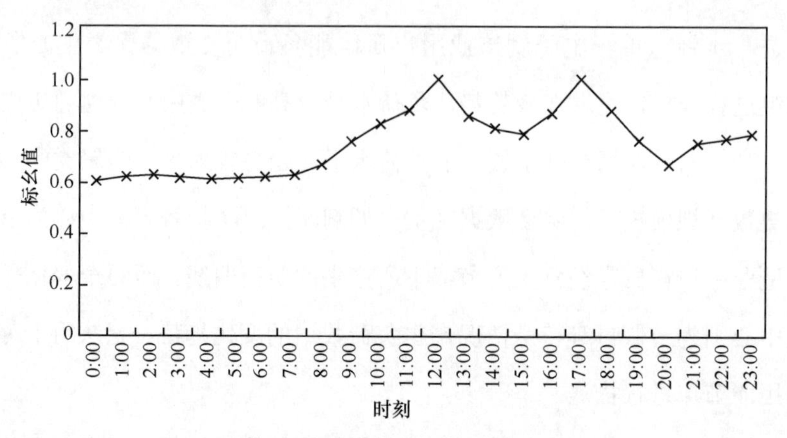

图 2-7　电子制造业用户典型日电能负荷曲线

从负荷曲线形态进行分析，电子制造业中的企业用户明显是多班组的连续生产型企业，主要特点为昼间的生产行为远远比夜间生产行为活跃，因此会在昼间产生更高的电力负荷。

3. 热能需求

电子制造业用热能主要进行室内温度调节以及部分的生产工艺热负荷供给，其热能的温度需求为 165～175℃，对电子制造业用户以及其他各类用户的典型日热能负荷曲线的聚类提取过程，与前述方法相同，后续不做赘述。

电子制造业用户典型日热能负荷曲线如图 2-8 所示。

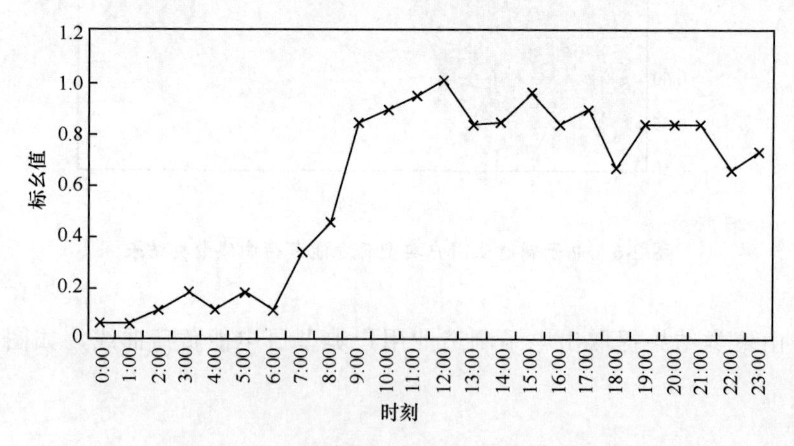

图 2-8　电子制造业用户典型日热能负荷曲线

从负荷曲线形态进行分析，电子制造业的热能需求变化也是顺应用户生产行为的。电子制造业多班组连续生产，且生产行为集中在昼间，因此深夜至凌晨热负荷较低而在白天、下午有明显高于深夜至凌晨的热能需求。

2.3.2 金属加工业

金属加工指人类对由金属元素或以金属元素为主构成的具有金属特性的材料进行加工的生产活动。随着国民经济的持续快速发展，国内有色金属加工行业得到了跨越式发展。2013 年，有色金属压延加工行业规模以上企业数量达到 3755 家；产能产量增长迅速，铜材产量 1498.7 万吨，同比增长 25.2%；从金属挤压技术设计发展到金属压力加工、挤压原理、机械传动等专业技术。

1. 行业特点

（1）新开工建设项目多，固定资产投资额连续多年增长。2013 年，我国有色金属加工项目完成固定资产投资 3303.41 亿元，比上年增长 40.8%，是 2005 年的 17 倍多。铜、铝加工仍是有色加工的投资重点，当年铝压延加工开工项目数量 843 个，投资完成额 1570.3 亿元，占有色加工投资的 47.5%，同比增长 67.8%；铜压延加工固定资产投资完成 525.67 亿元，占有色加工投资的 15.9%，比上年增加 35.44%。

（2）生产规模和装备水平位居世界前列。2000 年以来，国内有色金属加工项目建设以大规模、高起点为目标，一批代表性企无论规模还是装备水平均已达到国际先进水平。

2. 电能需求

金属加工业包括金属生产、金属锻铸造加工企业以及金属工具制造企业。金属加工是一种把金属物料加工成为物品、零件、组件的工艺技术，包括了桥梁、轮船等的大型零件，乃至引擎、珠宝、腕表的细微组件，被广泛应用在科学、工业、艺术品、手工艺等不同的领域。金属加工业同样需要利用电力设备进行电机类设备的供能，因此对于电能品质的要求较高，其典型日电能负荷曲线如图 2-9 所示。

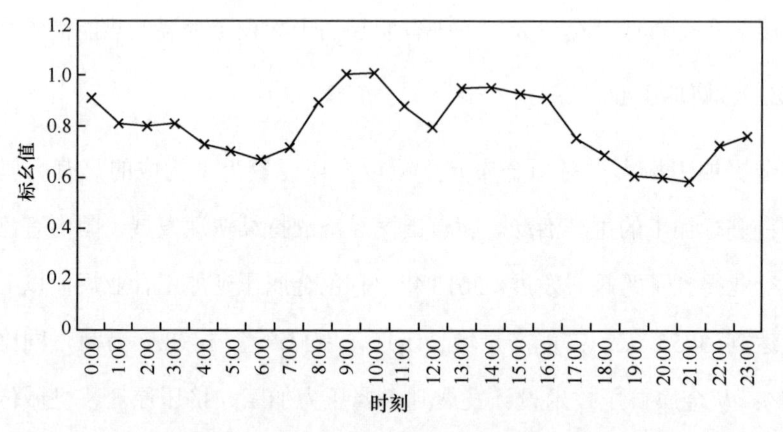

图 2-9　金属加工业用户典型日电能负荷曲线

从负荷曲线形态进行分析，金属加工业生产活动更为持续，存在 3 个高峰，呈现出“浅 M 型”。全天之内，金属加工业的电能需求都处在一个较高的量级。

3. 热能需求

金属加工业热负荷主要构成为室内温度调节用热，其热能的温度需求一般在 175℃左右，对热能品位需求要求并不高，其典型日热能负荷曲线如图 2-10 所示。

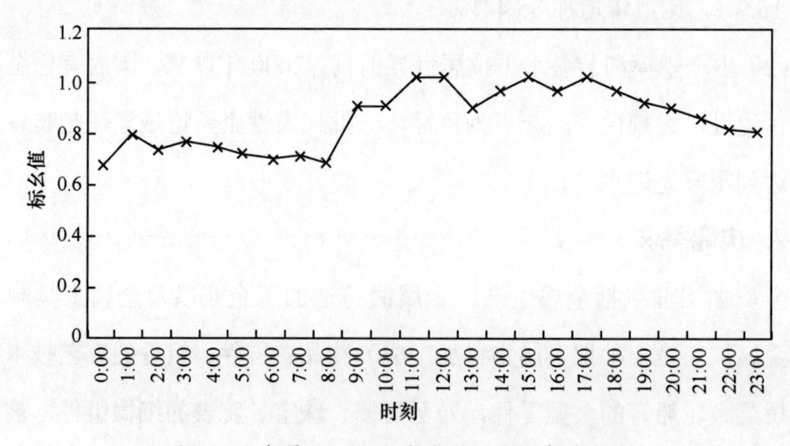

图 2-10　金属加工业用户典型日热能负荷曲线

从负荷曲线形态进行分析，金属加工业用户全天持续有生产用能行为，因此昼间和夜间的热能变化波动较小。

2.3.3 纺织业

纺织业细分下来包括棉纺织、化纤、麻纺织、毛纺织、丝绸、纺织品针织行业、印染业等。纺织业同时也是一个高污染行业。2007 年 5 月，国务院下发了《第一次全国污染源普查方案》，纺织业被列为重点污染行业。据国家环保总局统计，印染行业污水排放总量居全国制造业排放量的第 5 位。60%的行业污水排放来自印染行业，且污染重、处理难度高，废水的回用率低。化纤行业在生产过程中，有些产品大量使用酸和碱，最终产生硫黄、硫酸、硫酸盐等有害物质，对环境造成严重污染；有些则是所用溶剂、介质对环境污染较为严重。化纤生产污染环境的另一种表现是化纤产品本身的不可降解性，特别是合成纤维，其废弃物回收成本高，燃烧后污染空气；废弃后不易降解，造成土壤环境恶化。另外，毛麻丝行业的前处理过程也是行业污水排放的重点。在能源消耗方面，纺织机械、化纤机械电力消耗十分突出。化纤行业总耗能比国外先进水平高 10%～30%。

1. 电能需求

当前纺织业的电力负荷主要来自照明设备的电能需求和电脑织机的电能需求，电脑织机对电能的频率偏差和电压偏差十分敏感。在过去，纺织服装业是传统产业，是劳动密集型产业。近年来，中国和世界大部分国家的纺织服装业，都已经在向自动化、数控化、网络化发展。中国目前正在尽快把人工智能用到生产线上，让生产过程逐渐智能化，目前，在纺纱、化纤长丝制造、纱线染色上，已经基本做到夜间无人值守。随着一些智能化手段再深入，纺纱和化纤长丝制造无人化车间也将很快推出。过去所谓的劳动密集型产业，正在尽力向资本密集型、技术密集型转变。在未来，75%的纺织制造商准备投资布局人工智能，领先的纺织企业可以使用人工智能来辅助创意、设计和产品开发，比如，他们将使用算法来筛选大量数据，以预测消费者最喜欢哪种产品。因此纺织业对电能质量要求也比较高，其典型日电能负荷曲线如图 2-11 所示。

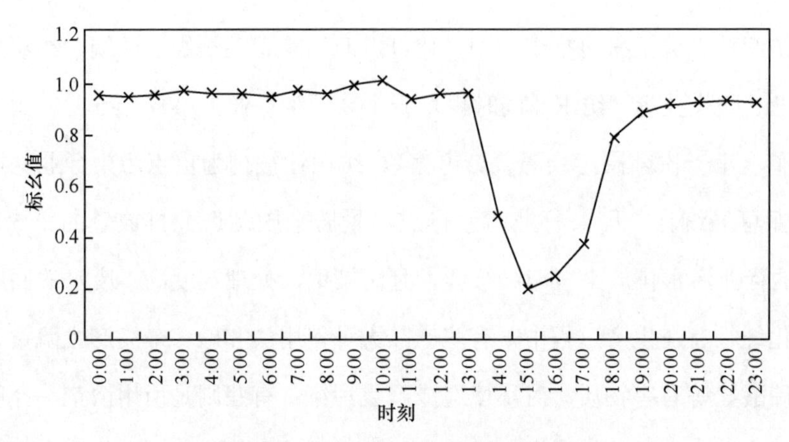

图 2-11　纺织业用户典型日电能负荷曲线

从负荷曲线形态以及纺织行业普遍生产任务安排进行分析，纺织业用户同样是全天分班组进行有序的生产，但是生产行为不同于电子制造业用户和金属加工业用户。纺织业用户在峰值电价时段或是系统用能高峰时段减少用能，形成一个避峰型的用能曲线。

2. 热能需求

纺织业用热不仅仅用于室内温度调节，很大一部分还用于纺织产品工艺加工过程，其热能的温度需求一般在 180℃左右，对热能品位有较高的需求，其典型日热能负荷曲线如图 2-12 所示。

从负荷曲线形态进行分析，纺织业用户的热负荷用能变化趋势也是连续的，但是随着生产任务的变化引入了波动。在昼间以及夜间有较高的负荷，在深夜以及避峰的生产间歇时段，出现了用能低谷。

下一步，中国纺织业的发展要跟随国家“一带一路”倡议，把握六廊六路、多国多廊投资方向，并在“十四五”期间对纺织工业的“一带一路”、走出去重新做一些布局规划。尽管现在中国纺织企业“走出去”规模已经不小，但是主动布局还是不足，从过去相对来说被动地走出去，逐渐变成主动布局，中国纺织服装企业要更加了解投资国的投资环境，挖掘投资国的比较优势，按照高标准、惠民生、可持续的目标，推动“一带一路”投资可持续、高质量发展。

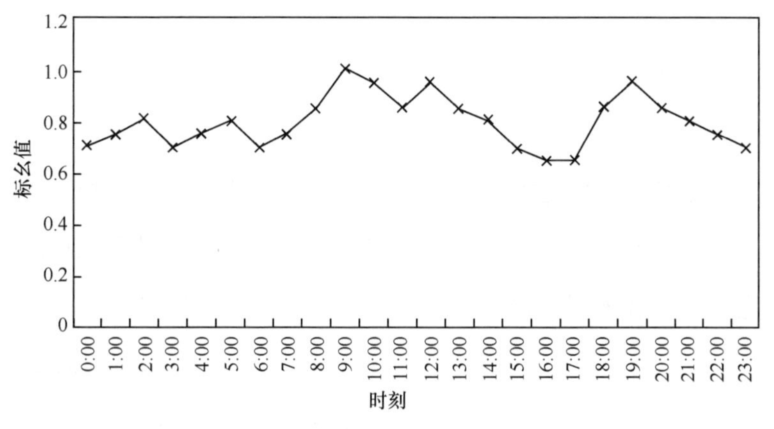

图 2-12 纺织业用户典型日热能负荷曲线

2.3.4 非金属加工业

非金属加工业包括一些玻璃制品加工、橡胶制品加工以及水泥建材制造等企业，主要依靠电力进行照明和少部分生产用电。矿种多、应用领域广、技术指标要求复杂是非金属矿物加工的主要特点之一。由于这一特点，非金属矿的加工工艺也是千差万别的。有些非金属矿可以直接粉碎加工成商品，如方解石；有些必须要进行提纯，如石墨；有些应用领域只需对非金属矿进行简单的粉碎加工，如饲料用的石灰石粉，铸造用的膨润土以及普通的非金属矿物填料；有些应用领域则要求进行较深度的加工，如微电子工业应用的胶体石墨、高纯石英，密封材料用的膨胀石墨，造纸工业用的高岭土、重质碳酸钙颜料，涂料工业用的有机膨润土，纳米复合材料用的蒙脱石，新型导电材料用的石墨层间化合物，等等。

由国内产量和出口量可见，目前中国非金属矿工业已形成相当大的规模，总体产量和出口量均呈较快增长趋势，部分非金属矿产品，如菱镁矿及其制品、石墨、滑石、萤石、重晶石等，在国际市场占有较大份额，对国际市场有重要影响。

非金属矿物或非金属矿物材料是现代高温、高压、高速工业的基础原材料，也是支撑现代高新技术产业的原辅材料和多功能环保材料。因此，非金属矿或非金属矿物材料工业是现代社会的朝阳工业之一。

1. 电能需求

这些电力负荷对电能的品质要求主要体现在电压偏差上，相对于电子制造业、金属加工业以及纺织业，非金属加工业对电能品质的需求较低，其典型日电能负荷曲线如图 2-13 所示。

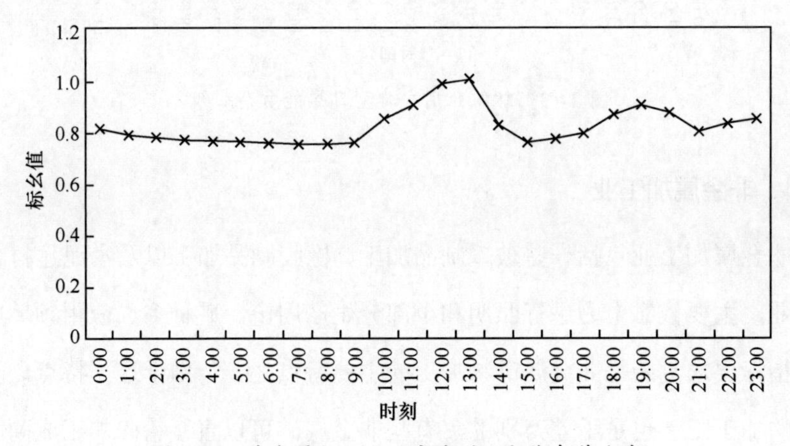

图 2-13　非金属加工业用户典型日电能负荷曲线

非金属加工业用户的产品需求量大、生产工序连贯、生产任务难以随意中断，因此产生了起伏波动较小的连续负荷。非金属加工业的电力负荷需求在全天都连续、平稳地处于较高的水平。

2. 热能需求

非金属加工业的热能主要用于生产加工，因此对热能品质的需求较高，热能需求温度一般在 180℃左右，对热能品位有较高的需求，其典型日热能负荷曲线如图 2-14 所示。

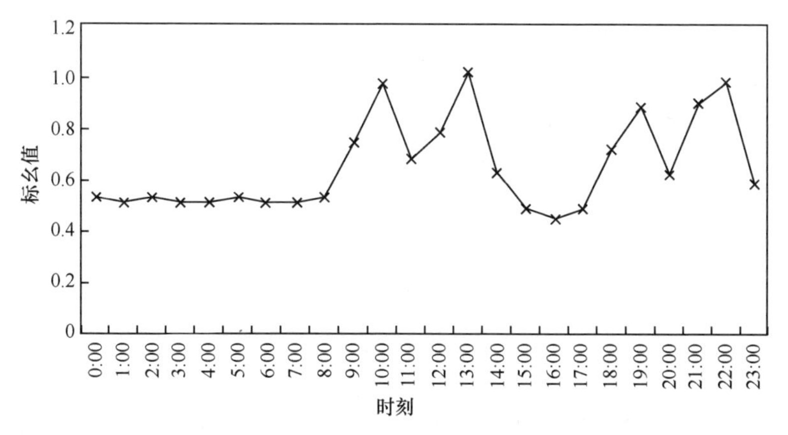

图 2-14 非金属加工业用户典型日热能负荷曲线

非金属加工企业的利用热能的生产工序时间固定且热能需求量级较大，当这种热能需求叠加在温度控制的热能负荷上时，就产生了如图所示的多峰值变化趋势。虽然热负荷不是电负荷一样长期处于高量级状态，但是峰值、平期值、谷值的分布和电负荷是遵循相同规律的。

2.3.5 商业

商业是以买卖方式使商品流通的经济活动，也指组织商品流通的国民经济部门。工商业是城市的主流和主导力量，先进发达的商业是现代城市经济发达的象征。

1. 电能需求

工业园区内商业用户主要包括餐饮企业、零售商铺以及住宿服务企业，这些商业用户用电行为主要是为客户和员工提供服务，主要电力负荷为暖空调设备、照明插座设备、特殊功能设备（厨房设备以及电子设备用电）等，对于电能质量的要求是 5 类用户中最低的。商业用户典型日电能负荷曲线如图 2-15 所示。

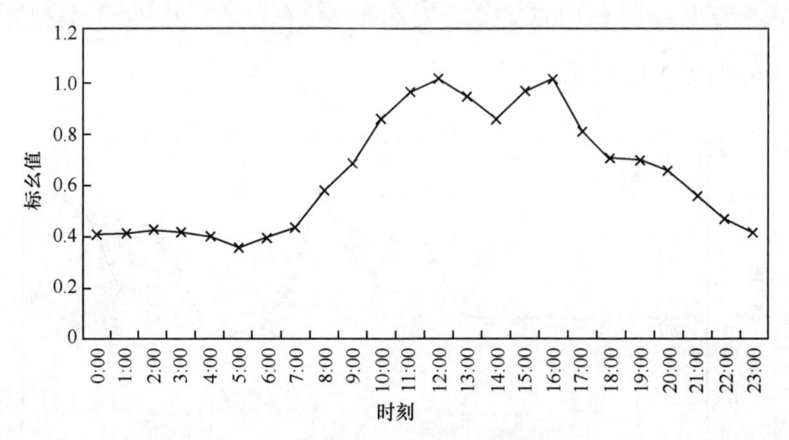

图 2-15　商业用户典型日电能负荷曲线

商业用户的用电在昼间和夜间也显现出了明显的差异，电能负荷的峰期主要分布在昼间以及下午，随着时间进入夜间，用户生产活动逐渐减少，负荷进入低谷。

2. 热能需求

商业用户用热也主要是生活用热，因此热能需求温度范围一般是 152℃左右，热能品位需求在 5 类用户中也是相对较低的。商业用户典型日热能负荷曲线如图 2-16 所示。

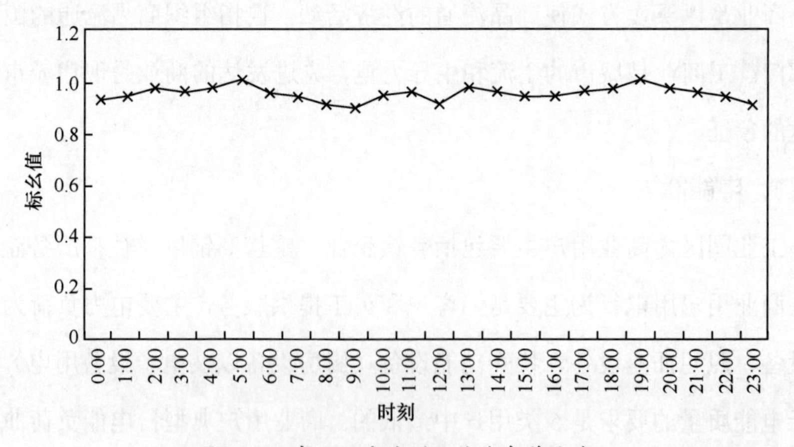

图 2-16　商业用户典型日热能负荷曲线

商业用户的热能需求规律与电能需求差异较大，这是因为无论生产行为如何变化，商业用户的热能都是用于满足生活舒适需要的，这些用户的生活活动是贯穿整日的，因此商业用户的热能需求在全天变化并不明显。

本章小结

本章节的主要目的是对工业园区用户能源需求及典型用能行为进行分析。本章节的主要分析内容如下。

（1）介绍了基于数据挖掘技术的工业园区用户用能数据分析方法，并在传统的FCM聚类算法和PCM聚类算法的基础上，分析两者对目标函数的特征参数设置机制，结合两者并进一步提出可能性模糊C–均值聚类算法（PFCM）进行负荷聚类，并对改进得出的PFCM聚类算法所形成的单一用户负荷特性聚类算法和同类用户负荷特征算法的原理进行了说明。

（2）进行工业园区用户能源需求及典型用能行为分析，本书将工业园区用户在用能结构上分为生产者、消费者及分解者3类，在此基础上从用户企业类型的角度对用户能源需求进行进一步分析，并将园区中的产业大致分为离散制造业、过程工业及新兴研发产业，分别对这3个产业进行用能需求分析。

（3）对工业园区典型用能行为进行分析，本章节将用户负荷需求被分为电子制造业、金属加工业、纺织业、非金属加工业及商业5类，以欧式距离为聚类基本依据，利用改进的可能性模糊C–均值聚类算法（PFCM）进行聚类，得到单一用户的用能曲线后再次对同类用户进行聚类，根据得到的典型日负荷形态来分析用户的典型用能行为，为后续内容做准备。

3 工业园区综合能源梯级利用供应策略

对能源的节约和有效利用，已经列入国家能源的中长期发展规划，低碳节能成为一种全球化的共性。国家积极发展和引导节能服务产业，电力节能服务正是响应国家政策号召而兴起的新兴服务产业。开展对典型用户的能效信息研究，对于掌握电网用户电能管理和技术现状，明确日后节能工作的市场规模、重点领域、目标客户及主要方向，获得最大的经济、社会效益，有效推进电网用户的电能服务质量具有重要的意义。

在区域经济发展中，工业园区起着集聚辐射的作用。工业园区作为地区的示范窗口，能够得到地区政府政策上的倾斜、财政上的大力支持，并且有着完善的软硬件设施。因此，工业园区有着优越的投资环境，能够吸引大量的资金以及企业落户。在工业园区自身发展的过程中，周边地区的经济联合也逐渐加强，工业园区的经济势能扩散到周边地区，从而对周边地区经济起到了带动作用。

本章利用所形成算法对数据进行分析，一方面明确工业园区综合能源系统的主要能量来源是电、气能源网络，热电联产设备以及能源转换设备，并对不同来源的能量品位进行评估划分；另一方面明确多产业集成的工业园区内入驻的用户类型、用户典型用能行为以及能源品位需求（即对能源质量的需求），进一步将产能设备的能源出力品位和用户的能量品位需求的相对应，基于这种对应关系完成工业园区综合能源系统能量梯级利用供能结构设计。

3.1 工业园区典型能源设备出力与用户负荷品位分析

本节内容从用户能源需求类型、能源用途几个角度出发，进一步对各类工业园区入驻用户的能源需求品位进行分析。对于不同类别的工业园区用户，立足于用户能源需求类型分析用户对天然气、电能、热能几类能源的供应量级需求；立足于能源用途分析其主要生产经营内容以及日常生活用能行为分析对各类能源的质量需求，进而完成各用户的能源品位需求定位。工业园区用户能源品位需求分析架构如图 3-1 所示。

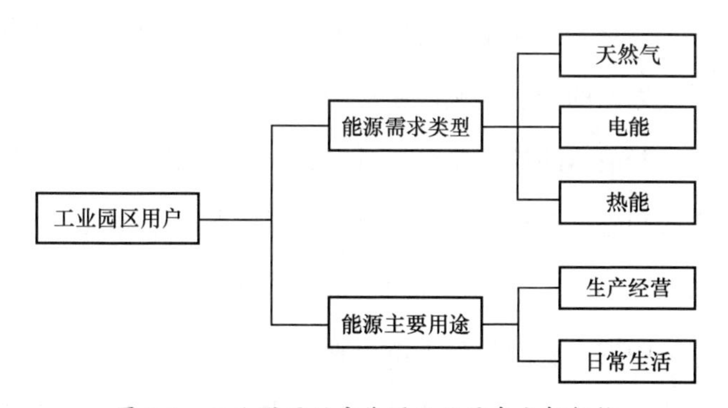

图 3-1　工业园区用户能源品位需求分析架构

3.1.1 电能分析

电力需求是一个属于经济学范畴的概念，指的是在某一段时间内，一定价格条件下，消费者有能力且愿意购买的电力商品数量。消费者的购买能力以及购买欲望是构成电力需求的两个基本条件。

1. 电力需求的特点

电力需求具有 3 个特点：①与价格的关联度大；②是在一定时间段内所产生的；③与消费者的意愿有关。

2. 电力需求的分类

电力需求按国民经济行业分类，可分为：①农、林、牧、渔、水利业；

②工业；③建筑业；④交通运输、仓储和邮政业；⑤信息传输、计算机服务和软件业；⑥商业、住宿业和餐饮业；⑦金融、房地产、商务及居民服务业；⑧公共事业及管理组织。

3. 电能品位需求分析

近年来，随着国家经济的发展，工业园区规模越来越大，工业园区对配电网以及电能的质量、可靠性要求也越来越高。配电房（站）是园区配电系统的核心部分，园区规模的扩大使得配电房（站）数量逐渐增多，星罗棋布，而且其内部各种变配电设备众多、线路连接关系复杂，整定参数量巨大。

工业园区主要是为提高工业化集约强度、突出产业特色、优化功能布局而通过行政手段划出的一块区域，通常聚集各种生产要素，用能需求形式多样化，而且对用能成本的控制要求相对较高。工业园区的电能主要来自配电网、分布式光伏和燃气轮机，根据品位划分评估方法的验证结果，电能品位划分由高到低依次为配电网、燃气轮机、分布式光伏。

在工业园区中的主要用户分为电子制造业、金属加工业、纺织业、非金属加工业及商业 5 类。其电力负荷特点是一致的，即用电量大、需求电负荷量稳定、负荷率较高。因为这些行业多是连续性的负荷行业，由于工艺过程的要求，必须在生产时间内连续不断地稳定供电，日负荷率基本不受其他外部因素的影响，而仅决定于用户自身的用电设备的运行情况。工业电用户的日负荷变化比较小，因此，其日负荷率较高，一般在 90%以上，且最小负荷率与日负荷率非常接近。商业电负荷主要是大型办公楼、宾馆及商场等用户的电力负荷。与工业类电负荷相比，商业类用电的日负荷率较低并且变化幅度较大。这 5 类用户的电能品位需求分析见表 3-1。

可知在工业园区中，来自配电网、燃气轮机的电能需要优先向电子制造业、金属加工业、纺织业用户进行供电，而非金属加工业、商业用户在接受以上来源电力的同时，可参与分布式能源的消纳。

表 3-1 工业园区典型用户电能品位需求分析

典型用户类型	用能行为	电能品位需求
电子制造业	电子制造设备供能、日常照明和插座供能	高
金属加工业	电动机设备供能、日常照明和插座供能	高
纺织业	电脑织机供能、日常照明和插座供能	高
非金属加工业	日常照明和插座供能、少量生产用电供能	较高
商业	客户和员工日常生活供能	较低

3.1.2 热能分析

我国工业余热资源量大但利用率偏低。工业园区有助于实现余热资源的有效分配。从园区层面以系统工程的角度，分析园区内各生产单元余热潜力，根据不同行业、产品、工艺的用能质量需求，规划和设计余热能源利用流程，实现余热资源的集成利用，可较大幅度降低园区的整体能耗。

工业企业是我国的用能大户，其能耗占比70%以上，在工业能耗中约50%以上的能量未被有效利用转化为余热，充分利用这些余热资源是降低工业能耗和减少污染物排放的有效途径。目前工业企业由于余热需求匹配能力不足、对余热重视度不够、系统化余热利用设计能力不强等原因，对余热的利用率较低。

1. 热负荷种类

工业园区内的热负荷种类不同于城市集中供热的热负荷种类，工业园区内的热负荷种类包括全年工业生产热负荷、冬季空调（采暖）热负荷、夏季空调（以热制冷）热负荷及全年热水供应热负荷。

（1）全年工业生产热负荷。

1）生产热负荷是用于生产工艺过程所需要的热负荷，如加热、烘干、蒸煮、清洗、熔化等所耗热能，或者是拖动汽轮机、蒸汽机、汽动泵、汽锤等设备的动力源。有些生产工艺过程，如精密仪器仪表的生产过程为了保证产品质量，应保持车间恒温，需要用冷气调节车间内各种机器、设备、人体散发的热量，这就是生产冷负荷。制冷所需要的工质，可以是电能，也可以是热能，如溴化锂制冷就是以蒸汽或热水为工质制冷的。当采用热能为工质制冷时，冷负荷就变成热负荷了。因此，在习惯上无论生产热负荷还是生产冷负荷都统称为生产热负荷。

2）生产热负荷一般属于全年性热负荷，但也有季节性生产热负荷，如制糖工业等。生产热负荷在全年内各工作日大致稳定，与季节性变化不大。季节性生产热负荷，也是生产季节各工作日大致相同。但是在一昼夜内，小时负荷变化较大。有些热用户为简化其供热系统，便于管理，减少投资，在生产热负荷中含有部分生产车间的采暖与空调等用热，这种热负荷属生产性热负荷，是有季节性的，在调查热负荷时应分别进行处理。

3）工业生产热负荷如上所述通常是全年性热负荷。它主要取决于生产工艺本身，与室外的气候条件有一定关系，但影响不算大，一般情况下，冬季比夏季的热负荷大。但也有些企业，由于夏季的销售额比冬季的大，所以夏季的热负荷反而大于冬季的，如啤酒业、饮料业。工业热负荷一天中的变化也比较大，这主要与企业车间的生产作息时间（常日班，还是2～4班制）密切相关，还与热设备使用的频率有关。

（2）冬季空调（采暖）热负荷。冬季空调（采暖）热负荷是季节性热负荷，影响它的主要因素是工业园区所在地理位置、冬季室外气温的变化等，它主要用于民用及工厂辅助建筑的舒适性空调，也有用于生产工艺性空调。

（3）夏季空调（以热制冷）热负荷。夏季空调（以热制冷）热负荷也是季节性热负荷，影响它的主要因素也是工业园区所在地理位置、夏季室外气温的变化等。

（4）生活热负荷（全年热水热负荷）。生活热负荷是固定性的全年负荷。民用建筑和工厂中生活热水的对象是大便器、小便器和排污器之外的所有卫生设备。根据生活热水的使用目的可将用对象分为如下几类：①饮料用生活热水；②人体洗净用生活热水，如洗手器、洗脸器、浴盆和淋浴器等；③物品洗净、消毒和保温用生活热水，如厨房用热水，洗净食具用热水和消毒器用热水等。在生活热水设备内，通常是将热水和冷水混合至使用温度，故使用量大于热水量。由此可见，生活热水负荷与使用对象要求的温度有关，与冷水温度有关，与生活热水供水温度有关。若提高热水供水温度，则能降低生活热水量。一般根据用途确定使用温度，再根据冷水和热水温度确定生活热水量。在计算时，为便于比较，均换算为热水温度为65℃时的生活热水量，集中热水供应一般采用在宾馆建筑内。

2. 热能品位需求分析

从园区层面以系统工程的角度，分析园区内各生产单元余热潜力，根据不同行业、产品、工艺的用能质量需求，规划和设计余热能源利用流程，实现余热资源的集成利用，可较大幅度降低园区的整体能耗。有研究表明，园区总能耗甚至可降低50%。

在工业园区中，热能主要来自燃气轮机、电热泵、热负荷回收热能，其中燃气轮机利用高品位热能发电，同时产生中品位热蒸汽，同时进行余热回收，还能产生低品位热蒸汽。电热泵输入电能后，能够产生低品位热蒸汽。对一些热负荷进行余热回收，也能够产生低品位热蒸汽进行再利用。

工业园区中主要用户的热能品位需求分析见表3-2。

表3-2 工业园区典型用户热能品位需求分析

典型用户类型	用能行为	热负荷温度范围/℃	热能品位需求
电子制造业	室内温度调节以及部分的生产工艺热负荷供热	165～175	中品位
金属加工业	室内温度调节供热	175	中品位
纺织业	纺织产品工艺加工过程和室内温度调节供热	180	中品位
非金属加工业	生产加工供热	180	中品位
商业	生活用热	152	低品位

依照热能品位需求，工业园区内的中品位热优先向纺织业、非金属加工

业进行供给，之后满足电子制造业、金属加工业的需求，低品位的余热回收热能以及冗余的中品位热能可以向商业用户进行供给。

3.1.3 工业园区能源需求综合分析

生态循环工业园与传统工业园“大量生产，大量消耗，大量排放”的粗放型经济相比，提倡以“低能耗、高效率、再利用”的经济发展原理，以“资源提取—产品加工—废弃物排放—再生资源”的反馈式循环经济模式，取代传统工业园“资源提取—产品加工—废弃物排放”的线性经济模式，实现人类经济社会发展过程中与环境相融合的发展模式。生态循环工业园与传统工业园相比更具创新力和反馈力。

工业园区内能源使用是多尺度循环利用与多尺度的梯级利用。在园区内的循环利用，主要以企业间的物质、能量、信息集成等技术，充分利用不同产业、企业、项目、工艺流程、工序之间，资源、主副产品、废弃物的协同共生关系，运用现代的工业技术，经济措施，信息技术的优化配置，实现园区内资源共享，副产品相互交换，废弃物再资源化，形成一个物质、能量多层利用、梯级利用、经济效益与生态效益双赢共生的体系体制，将有助于改善企业个体行为的同时，实现园区产业整体升级。

1. 能源需求特点

工业园区能源需求特点包括了区域能源需求和工业能源需求两方面。

（1）对区域能源分析应基于时间分布，工业企业能源使用上有动态分布的特征，如电力系统、煤气系统、燃气系统的需求。并且应考虑能源系统的冗余率、不保证率和参差率，与能源系统运行状况相匹配，取得最大的效益。

（2）对工业能源需求分析应考虑需求侧节能对工业园区能源需求的影响。

2. 能源品位需求分析

工业行业类型对工业园区能源需求有很大的影响，因此工业行业需要分行业类型计算。考虑不同的技术水平，不同的生活方式、用能方式和管理方式，对工业企业内工序按不同的投入产出分析，对所需能源品位分为高、中、低3类。

能源分类方式多种多样。按基本形态可分为一次能源和二次能源；按能源性质可分为有燃料型能源和非燃料性能源；按使用类型可分为常规能源和新型能源；按能源形态和特征或转换与应用层次可分为固体燃料、液体燃料、气体燃料、水能、电能、生物质能、风能、核能、海洋能、和地热能等。能源品位的划分方法也是多种多样的。

工业园区是不同能源在不同品位下的需求。结合传统能源分类方式，研究工业园区能源需求特征，以工业园区能源输送方式的不同进行分类，并以输送方式不同状态下能源的可利用率划分品位。工业园区能源主要分为电线运输、管线运输、非电线和管线运输。电线运输的能源主要有电能；管线运输的能源主要有气体燃料、液体燃料、蒸汽等；非电线和管线运输的主要有煤炭、焦炭等。

前文利用改进PFCM聚类算法得出用户典型日电能负荷曲线，明确了工业园区综合能源系统中电子制造业、金属加工业、纺织业、非金属加工业、商业及数据中心六类主要用户能源负荷的时间序列变化特征。进一步通过分析主要用户的生产、生活任务构成，明确了各类用户总体上的能源品位需求。由于在工业园区中，天然气回归基础的电能、热能生产地位，在细节化的园区用户用能行为中，仍以电热消费为主。总结用户总体能源品位需求和用户内部用能行为能源品位需求以及用能时序特征，分析结果如下。

（1）电子制造业。对电子制造业能源利用行为进行细分，并根据用户典型日电能负荷曲线所反映的负荷时序特征变化综合分析用户的能源品位需求。电子制造业兼具精密电子制造设备供电以及生产工艺热负荷供热，其中对于精密电子制造设备的供能质量要求更高。同时进行用能时序特征分析，电子制造业电能、热能需求在昼间均处于持续高量级状态，因此要求稳定、可靠的能源供应。因此，电子制造业利用高品位电能完成电子制造环节，利用中品位、低品位能源完成日常照明和插座供能以及室内温度调节。工业园区电子制造业用户能源品位需求分析见表 3-3。

表 3-3　　工业园区电子制造业用户能源品位需求分析

典型用户类型	能源负荷类型	负荷用途	能源品位需求	用能时序特征
电子制造业	电能负荷	精密电子制造设备供能	高品位电能	电子制造业中的企业用户明显是多班组的连续生产型企业，主要特点为昼间的生产行为远远比夜间生产行为活跃，因此会在昼间产生更高的电力负荷
		日常照明和插座供能	工作人员所产生日常办公照明供电利用中品位、低品位电能供应	
电子制造业	热能负荷	部分的生产工艺热负荷供热	中品位热能，同时中品位热能回收到的低品位热能可用于日常生活供暖	电子制造业的热能需求变化也是顺应用户生产行为的；电子制造业多班组连续生产，且生产行为集中在昼间，因此深夜至凌晨热负荷较低而在白天、下午有明显高于深夜至凌晨的热能需求
		室内温度调节	工作人员所产生日常办公温控负荷可主要利用低品位热能供应	

（2）金属加工业。金属加工业用户主要是电机设备有高品位、持续较高量级的电能需求，其余是生产相关的电能和热能需求。因此采用高品位电能进行金属加工业用户的电机设备供能，日常照明和插座供能则由中品位、低品位电能供应。在起到室内温度调节作用的热能负荷主要由少量重要生产车间热能需求以及大量普通房间热能需求组成，且由典型负荷曲线可知热能需求量极大。因此可用少量中品位热进行重要生产车间热能供应，大量低品位热能进行普通房间热能供应。工业园区金属加工业用户能源品位需求分析见表 3-4。

表 3-4　　工业园区金属加工业用户能源品位需求分析

典型用户类型	能源负荷类型	负荷用途	能源品位需求	用能时序特征
金属加工业	电能负荷	电机设备供能	高品位电能	金属加工业生产活动更为持续，存在 3 个高峰，呈现出“浅 M 型”，全天之内，金属加工业的电能需求都处在一个较高的量级
		日常照明和插座供能	工作人员所产生日常办公照明供电利用中品位、低品位电能供应	
	热能负荷	室内温度调节供热	重要生产车间主要利用中品位供热，其余日常工作温度调节需求可利用低品位热能满足	金属加工业用户全天持续有生产用能行为，因此昼间和夜间的热能变化波动较小

（3）纺织业。纺织业用户具备电脑织机用能、纺织产品工艺加工过程用能两大重要生产能源需求，其中电脑织机的工作过程对电能质量要求较高，而纺织业用户的典型日电能负荷曲线表明纺织业用户在避峰型能源需求下仍需要高量级、稳定的能源供应，因此采用高品位电能进行能源供应。纺织产品工艺加工过程供热要求比较高，与此同时纺织加工环节又不需要过高的温度，因此采用中品位热能进行供应。纺织业用户的工作人员所产生日常办公照明供电则利用中品位、低品位电能供应。此外，室内温度调节负荷对温度要求不高，而仅仅是量级较大，因此采用低品位热能进行供能。工业园区纺织业用户能源品位需求分析见表 3-5。

表 3-5　　工业园区纺织业用户能源品位需求分析

<table>
<tr><th>典型用户类型</th><th>能源负荷类型</th><th>负荷用途</th><th>能源品位需求</th><th>用能时序特征</th></tr>
<tr><td rowspan="2">纺织业</td><td rowspan="2">电能负荷</td><td>电脑织机供能</td><td>高品位电能</td><td rowspan="2">纺织业用户在峰值电价时段或是系统用能高峰时段减少用能，形成一个避峰型的用能曲线</td></tr>
<tr><td>日常照明和插座供能</td><td>工作人员所产生日常办公照明供电利用中品位、低品位电能供应</td></tr>
<tr><td rowspan="2">纺织业</td><td rowspan="2">热能负荷</td><td>纺织产品工艺加工过程供热</td><td>中品位热能</td><td rowspan="2">纺织业用户的热负荷用能变化趋势也是连续的，但是随着生产任务的变化引入了波动，在昼间以及夜间有较高的负荷，在深夜以及避峰的生产间歇时段，出现了用能低谷</td></tr>
<tr><td>室内温度调节供热</td><td>低品位热能</td></tr>
</table>

（4）非金属加工业。非金属加工业用户生产过程中同样需要电能与热能供应，但是加工精密水平较低，同时能源需求量级较大、工序连贯、生产任务难以随意中断，因此采用中品位电能、热能满足非金属加工业用户在生产加工环节的能源需求。同时，非金属加工业用户的日常照明和插座供能则利用低品位电能进行供应。工业园区非金属加工业用户能源品位需求分析见表 3-6。

表 3-6　　工业园区非金属加工业用户能源品位需求分析

典型用户类型	能源负荷类型	负荷用途	能源品位需求	用能时序特征
非金属加工业	电能负荷	少量生产用电供能	中品位电能	非金属加工业用户的产品需求量大、生产工序连贯、生产任务难以随意中断，因此产生了起伏波动较小的连续负荷
		日常照明和插座供能	低品位电能	
非金属加工业	热能负荷	生产加工供热	中品位热能	非金属加工企业的利用热能的生产工序时间固定且热能需求量级较大，当这种热能需求叠加在温度控制的热能负荷上时，就产生了多峰值变化趋势，虽然热负荷不是电负荷一样长期处于高量级状态，但是峰值、平期值、谷值的分布和电负荷是遵循相同规律的

（5）商业。商业用户的电能、热能需求主要由商户的客户和员工日常生活的电负荷、热负荷组成，同时商业用户高量级的能源需求贯穿整日，则以大量的低品位电能、热能进行能源供应最为恰当。同时，商业用户也可以在园区中广泛参与分布式新能源的消纳。工业园区商业用户能源品位需求分析见表 3-7。

表 3-7　　工业园区商业用户能源品位需求分析

典型用户类型	能源负荷类型	负荷用途	能源品位需求	用能时序特征
商业	电能负荷	客户和员工日常生活供能	低品位电能	商业用户的用电在昼、夜间也显现出了明显的差异，电能负荷的峰期主要分布在昼间以及下午，随着时间进入夜间，用户生产活动逐渐减少，负荷进入低谷
商业	热能负荷	生活用热	低品位热能	商业用户的热能都是用于满足生活舒适需要的，这些用户的生活活动是贯穿整日的，因此商业用户的热能需求在全天变化并不明显

（6）数据中心。在建设智能化社会的大背景下，用于执行数据分析、信息交互、大规模计算的数据中心推广建设，成为综合能源园区中难以忽视的一大类用户。与传统的用户负荷相比，通过调整分配的信息传输以及数据计算任务的分配，数据中心电力负荷会随着任务分配情况而得到调控，具有极强的可控性。对于数据中心，服务器设备的电能供应需要以可靠性较高的高品位电能进行供应。而日常照明和插座供能则可以以中品位电能或者低品位

电能进行满足。对于数据中心的热能负荷，由于不涉及生产加工过程，但是需要将室内温度维持在一定范围内以保证数据中心运算工作质量，因此主要以中品位热能进行供应。工业园区数据中心能源品位需求分析见表 3-8。

表 3-8　　工业园区数据中心能源品位需求分析

典型用户类型	能源负荷类型	负荷用途	能源品位需求	用能时序特征
数据中心	电能负荷	服务器设备供能	高品位电能	可根据计算任务的分配情况进行灵活调整
		日常照明和插座供能	中品位电能、低品位电能	
	热能负荷	数据中心建筑物温度控制供热	以中品位热能为主，高效地维持数据中心温度，保证数据中心运算工作质量	随着外界温度变化调节服务器的工作环境

3.2　工业园区综合能源梯级利用供能结构

在我国，工业的发展一直属于经济增长的持久动力，而工业用电占全社会用电量的比例也在相当长时间内高于其他产业，研究工业园区的用电策略，构建符合现代社会发展的生态、绿色工业园，是未来的发展趋势。构建基于能量梯级利用的工业园区综合能源系统对于工业园区新型能源供给方式的研究具有重要的应用价值。

工业园区由于工业本身的特殊性，使其规划设计需要考虑以下几方面的需求。

（1）能源需求形式的多样化。工业园区内存在用电、用热、用冷、用气等多种用能需求，且用能数量大，节能空间广。

（2）信息深度融合。工业园区综合能源系统能源流与信息流紧密耦合，要求较高的分布式协调控制能力以及较强的通信能力。

（3）投资收益最大化。促进能源阶梯利用，提高新能源利用效率，最大程度降低用能成本。

在综合能源系统的研究中，不同能源系统之间的多能协同互补是提高能源综合利用率、节约用户用能成本的关键。而在目前的多数综合能源系统中，冷、热、电、气彼此分离，能源利用效率低。如发电系统只能将燃料能量的 30%～40%转化为电能，其余的能量或传递给热源，但大部分直接排放弃用，利用不合理；供热系统中通过锅炉产生的高温蒸汽没有用于发电，而是直接用于用户供热，浪费了做功能力；此外，由于电储能技术发展不完善及高昂的成本，电力系统多余的电力无法消纳而不得不弃用。这一连串的问题带来了极大的资源消耗和浪费。而一些综合能源系统的负荷需求量大、负荷类型多样，能量转换过程大多涉及热的梯级利用，只有综合考虑能量的“质与量”，才能实现系统内动力、中温、低温余热等不同品位能量的耦合与转换利用。

对于当前应用于工业园区的综合能源系统，系统从外部获取的能源主要是用于基础生产的电能和热能。而在园区内部，则利用能源联产设备、能源转换设备进行电、热、冷等多种能源的生产和转换。

具体来看，燃气轮机的应用可利用天然气产生高品位热能进行电力生产，同时中、低品位热能直接利用。系统内分布式新能源同样可以进行电能供应。

对于热能、冷能的生产供应着重体现了综合能源系统多能转换、互补互济的特性。除燃气轮机可以利用天然气产生热能外，电热泵可以将电能转换为热能。电制冷机利用电能进行制冷；吸收式制冷机利用热能进行制冷。

以上分析概括了工业园区综合能源系统多能联产、多能转换的能源生产模式，需要注意的是综合能源系统中能量来源众多，使得不同来源的能量品位产生差异，因此依据前文对工业园区内电、热生产设备出力的品位划分以及主要能源用户的电、热品位分析，根据“品位对口，梯级利用”的原则，设计了工业园区综合能源系统的能量梯级利用供能结构。在综合能源转换以及供应方面，结合气、电、热综合能源高低梯级序列以及气、电、热各自能源品位划分，对应分析得出的工业园区典型用户能源品位需求，得出的综合能源梯级利用供能整体结构如图 3-2 所示。

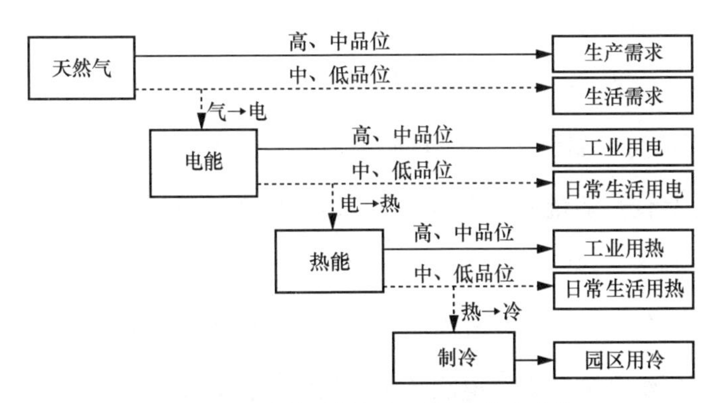

图 3-2　综合能源梯级利用供能整体结构

在各能源间的能源流转换关系上，经分析，确定了气、电、热、冷综合能源品位从高到低的梯级利用序列，在能源各自的供应流上，确定了高、中品位能源优先应用于工业生产用能此类对能源品位要求普遍偏高的用途，其次向日常生活用能供应，进一步其余转化为低一品位的另一类能源。以该综合能源总体架构为依据，进一步从细节上对不同能源的细节性梯级利用架构进行分析。

在电能供应方面，来自配电网、燃气轮机的高质量电能可以优先向电子制造业、金属加工业、纺织业用户进行供电，保证这些用户的高质、高效生产；而非金属加工业、商业用户在接受以上来源电力的同时，可参与分布式能源的消纳，这对这些用户的正常用能不会产生过大影响。

与此同时，园区内的电动汽车停驶特性变化灵活，在掌握这些汽车的停驶情况后，也可以参与分布式能源的消纳。此外，有条件的工业园区还会配置蓄电池储能设备，蓄电池的应用可以一定程度上存储各时刻的冗余负荷，或是在电价较低而时间段进行充能，之后在系统电能需求较高的时段放能。无论是在电能紧张时刻提供备用支持，还是顺应分时电价的高发低储，蓄电池的应用都可以在能量梯级利用供能架构下提升系统用电经济性、可靠性。

在热能供应方面，工业园区内高品位的热能直接用于发电，中品位热优先向纺织业、非金属加工业进行供给，保证这些用户生产负荷对热能的需求。之后满足电子制造业、金属加工业的需求，因为这些用户少部分生产负荷对热能品位有一定需求。燃气轮机的低品位热能以及一些热负荷回收的低品位热能以及冗余的中品位热能可以向各类用户所产生的室内温度控制负荷进行供给。低品位热能量大、来源广泛，故可以用于满足多种日常热能需求，还可以用于制冷。热能系统中也可以配置储热罐等热能存储设备，主要进行冗余中品位热的存储，使得较高品位的热能能够用于更多重要的热负荷。

工业园区综合能源系统电能及热能供应结构如图 3-3 所示。

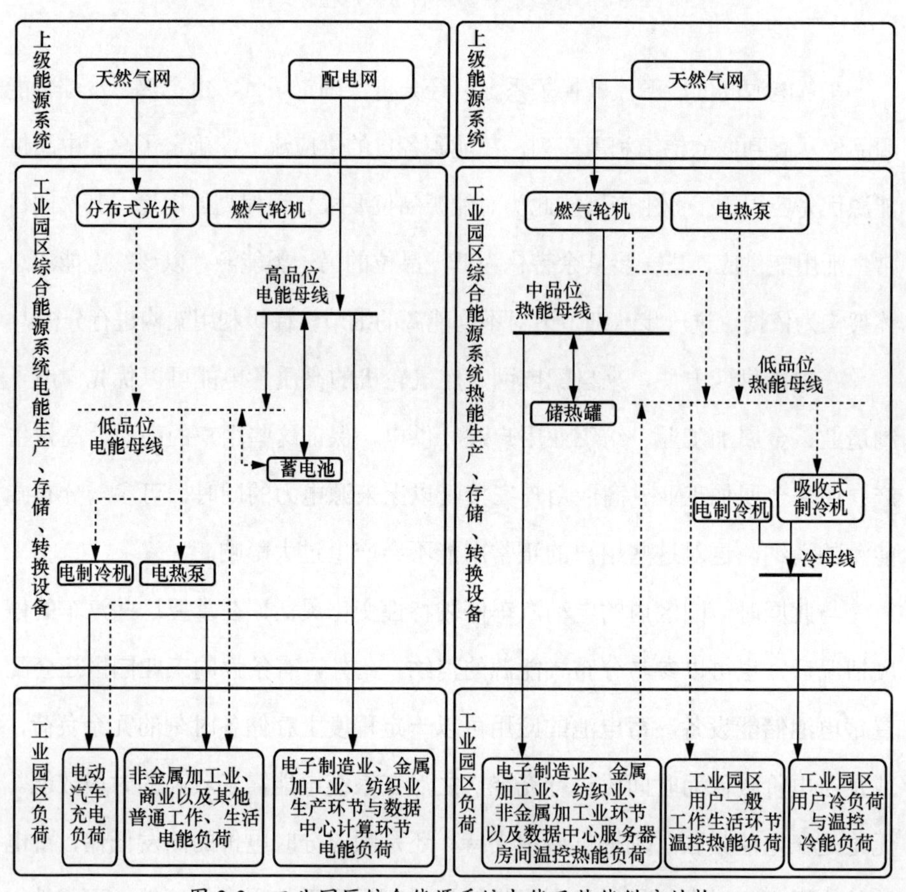

图 3-3　工业园区综合能源系统电能及热能供应结构

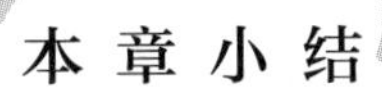

本章小结

综合能源系统作为能源互联网的重要物理载体，对提高社会能源利用效率、促进可再生能源规模化开发、提高社会基础设施利用率和能源供应安全，以及实现中国节能减排目标具有重要意义，已成为当今能源系统发展的主要方向。其中，不同能源系统之间的多能协同与梯级利用是提高能源综合利用率、节约用户用能成本的关键。同时，在能源互联网背景下，分散化的能源市场和能源网络结构使得传统的电力需求响应逐步向综合需求响应的方向发展。

已有的综合能源系统对用户侧的能源特异性需求并未做深入了解，在多能联产设备产出热、电等能源后，大多笼统地将能源以量级需求调控供应。在能源供应过程中，不对能源品位、质量加以了解并运用，造成了优质能源的浪费，极大地限制了综合能源系统经济、高效供能的优势。

本章在已有综合能源系统的研究和实践基础上，对工业园区综合能源系统的供需双侧进行了深入分析，将能量梯级利用理论应用于工业园区综合能源系统，所建立的能量梯级利用供能结构实现了由“保证能源供应量”向“保证能源供应质与量”的转变，进一步提升工业园区内能源系统的运行经济性。主要研究结果如下。

（1）对工业园区的用能特点进行了分析，立足于各类工业园区入驻用户差异化的能源需求、能源用途，分别对用户各自电能、热能的量级需求、质量需求特点进行总结，分析了工业园区内重要的用能设备，并对各类用户电能品位需求和热能品位需求进行了划分。

（2）结合对工业园区内主要电、热能源的品位划分结果，本章最终遵循

“品位对口，梯级利用”的原则，形成了考虑工业园区内电子制造业、金属加工业、纺织业、非金属加工业、商业及数据中心六类用户需求的能量梯级利用供能策略。该供能策略遵循气、电、热、冷综合能源品位从高到低的梯级利用供应序列，进一步在各类能源内部的供应流中着重将高品位能源用于重要需求，利用低品位能源满足园区内高额的普通能源需求，利用冗余能源完成不同能源之间的高品位向低品位转化，达到经济、高效、可靠的综合用能，为工业园区综合能源系统的多能协同优化算法提出奠定理论基础。

4 典型场景多能协同优化运行模型

4.1 多能协同优化原理

目前，传统的化石能源供应日益不足，世界各国都在大力发展清洁的可再生能源，然而，风能、太阳能、潮汐能等可再生能源受到环境的影响较大，具有很大的波动性和随机性，在发电入网时存在接入困难、成本高且难以控制等缺点；传统的冷、热、电、气等能源系统又是相互独立运行调控的，不同的用能系统、供能系统不能综合地进行调控、配合和优化，使得能源利用率低下，经济性较差。多能协同是对能源的产生、存储、传输、转换及使用等环节进行有机的协调和优化，协同运行多种形式的能源，充分发挥不同能源的优势和潜力，实现资源的最大化利用。

工业园区综合能源系统的主要参与者有电网公司、园区综合能源供应商、园区工厂用户、需求响应聚集商等，通过多能协同的综合能源系统协调调度，可以实现多能互补以及能量的梯级利用，也可以挖掘用户的参与综合需求响应的能力，响应上级电网调峰辅助需求，显著提高能源利用效率。多能协同的综合能源系统可以根据用户的需求进行储电、储热和储冷等，以提高综合能源系统的供能稳定性和灵活性，也可以通过分时电价和天然气价格引导用户主动改变用能行为，缓解供电压力，降低系统运行成本，通过多能协同实现能量梯级利用，提高可再生能源的消纳能力，从而实现节能增效。

综合能源系统通常由 3 部分组成，分别为：①上级能源系统；②多能源生产、转换、储存设备；③用电侧能源负荷。本书接下来将进一步对工业园区综合能源系统的能源生产、转换、存储设备以及园区中主要的用户侧能源负荷进行建模，同时对能量梯级利用的供需结构关系进行优化模型约束条件表达，形成计及能量梯级利用的工业综合能源系统多能协同优化模型。传统综合能源系统优化调度模型建模仅考虑了天然气、电能、热能等能源的量级供需平衡约束和设备运行约束，本书将对传统工业园区综合能源系统运行约束条件进行优化，增加能量梯级利用供能约束。

对优化模型进行数学优化问题类型分析，主流的数学求解算法中，数学规划方法的计算速度快，计算结果较为精确，并且能够为优化调度模型提供最优解的存在证明，但是该方法通常对数学模型有一定的要求，目前数学规划方法常用的主要有分支定界法、内点法及单纯形法等。相对于数学规划方法而言，启发式智能算法方法在求解多目标优化、非凸优化和非线性优化问题时具有通用性强，适用范围广，实现过程简单等优势，目前常用的启发式智能算法有遗传算法、粒子群算法、禁忌搜索和神经网络等。

4.2 能量梯级利用的多能协同优化方法

4.2.1 工业园区中多种设备的建模方法

在多种产业集成的工业综合能源系统中，除电能之外，金属加工业、非金属加工业、纺织业用户还需要消耗大量热能、冷能用于生产的热加工、产品的冷却以及车间温度控制。商业用户在建筑物日常生活、工作以及温度调节过程中同样消耗热能以及冷能。根据“品位对口，梯级利用”的原则，本书面向工业园区综合能源系统形成了天然气、电能、热能、冷能的综合能源梯级利用供能整体结构，该结构立足于气、电、热综合能源高低梯级序列，在各能源间的能源流转换关系上，经分析确定了气、电、热、冷综合能源品位从高到低的梯级利用序列，在能源各自的供应流上，确定了高、中品位能源优先应用于对能源品位要求普遍偏高的工业生产用能，其次向日常生活用能供应，其余转化为低品位的另一类能源。

工业园区综合能源系统为实现多能互补互济、分布式可再生能源就地消纳，一般配置有热电联产设备、多能存储设备以及多能源转换设备，以综合能源总体架构为依据，进一步从细节上对不同能源的细节性梯级利用架构进行分析。工业园区综合能源系统能量梯级利用供应架构如图 4-1 所示。

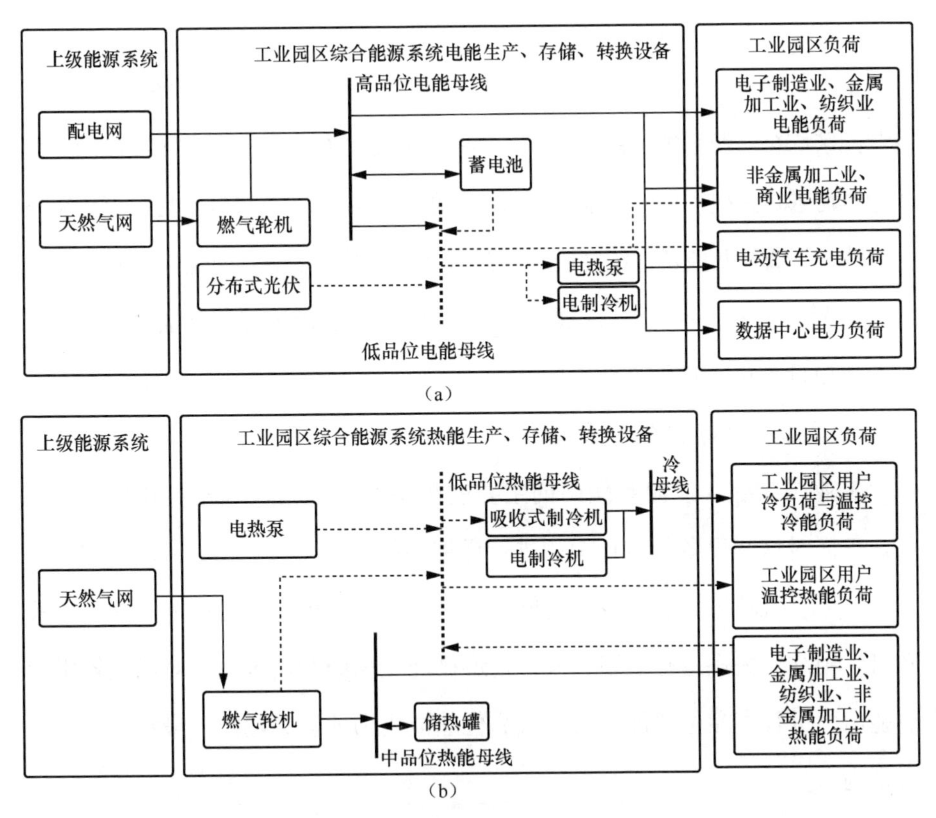

图 4-1 工业园区综合能源系统能量梯级利用供应架构

(a) 电能；(b) 热能

工业园区综合能源系统中，电能和热能主要来自热电联产设备——燃气轮机，电能的补充来源则是配电网购电以及分布式可再生能源设备（园区内所配置的分布式可再生能源以光伏阵列为主），燃气轮机进行电能、热能生产所需要的天然气则来自天然气网购气。当前，电储能设备单位容量配置价格较为高昂，工业园区综合能源系统中所配置的储能系统一般为小容量的电储能设备和热储能设备，用于跨时段利用能量减少浪费，并一定程度上起到电、热的解耦作用。

为实现电、热、冷能源的灵活转换、互补互济，多能源转换设备是综合能源系统的重要组成部分。电热泵将电能转化为热能，吸收式制冷机将热能转化为冷能，电制冷机将电能转化为冷能。

根据前文所述的工业园区综合能源系统能量梯级利用运行策略，进一步对工业园区综合能源系统的能源生产、转换、存储设备以及园区中主要的用户侧能源负荷进行建模，同时对能量梯级利用的供需结构关系进行优化模型约束条件表达，形成计及能量梯级利用的工业综合能源系统多能协同优化模型。

本节将对工业园区综合能源系统中不同设备建模过程、能量梯级利用结构的建模过程进行详细介绍。

1. 工业园区能源生产设备建模

工业园区综合能源系统中的主要能源生产设备为燃气轮机和分布式光伏，下面对这些设备的运行模型进行详细介绍。

（1）燃气轮机。燃气轮机能够同时产生热能、电能，两种能源的出力关系可以用线性关系进行描述。同时，遵循能量梯级利用理论，对燃气轮机的热能出力进行高品位热能出力、低品位热能出力的区分建模，最终建立运行模型为

$$\begin{cases} p_{\mathrm{g,gt}}(t) = a_{1,\mathrm{gt}} p_{\mathrm{e,gt}}(t) + a_{2,\mathrm{gt}} x_{\mathrm{gt}}(t) \\ p_{\mathrm{min,e,gt}} x_{\mathrm{gt}}(t) \leqslant p_{\mathrm{e,gt}}(t) \leqslant p_{\mathrm{max,e,gt}} x_{\mathrm{gt}}(t) \\ \left| p_{\mathrm{e,gt}}(t+1) - p_{\mathrm{e,gt}}(t) \right| \leqslant R_{\mathrm{gt}} \Delta t \\ p_{\mathrm{h,gt,mid}}(t) = \eta_{\mathrm{h,gt,mid}} \left[p_{\mathrm{g,gt}}(t) - p_{\mathrm{e,gt}}(t) \right] \\ p_{\mathrm{h,gt,low}}(t) = \eta_{\mathrm{h,gt,low}} \left[p_{\mathrm{g,gt}}(t) - p_{\mathrm{e,gt}}(t) \right] \end{cases} \tag{4-1}$$

式中：$p_{e,gt}(t)$为燃气轮机的电能出力；$p_{max,e,gt}$、$p_{min,e,gt}$分别为电能出力的上限和下限；$x_{gt}(t)$为燃气轮机的调度因子，它是一个 0-1 布尔变量，当燃气轮机启动出力时取值为 1，反之取值为 0；$a_{1,gt}$、$a_{2,gt}$分别为根据设备实际情况拟合出的运行参数，为固定常数；R_{gt}为燃气轮机的爬坡率；$p_{h,gt,mid}(t)$为燃气轮机的中品位热能出力；$p_{h,gt,low}(t)$为燃气轮机的低品位热能出力；$\eta_{h,g,mid}$为燃气轮机中品位热能出力能效系数；$\eta_{h,g,low}$为燃气轮机低品位热能出力能效系数。

前述已有优化模型对燃气轮机的线性化建模为

$$\begin{cases} p_{g,gt}(t) = a_{e,gt} p_{e,gt}(t) \\ \left| p_{e,gt}(t+1) - p_{e,gt}(t) \right| \leqslant R_{gt} \Delta t \\ p_{h,gt}(t) = b_{h,gt} p_{e,gt}(t) \end{cases} \tag{4-2}$$

式中：$p_{e,gt}(t)$为燃气轮机的电能出力；$p_{max,e,gt}$、$p_{min,e,gt}$为电能出力的上限和下限；$p_{h,gt}(t)$为燃气轮机的热能出力；$a_{e,gt}$、$b_{h,gt}$分别为根据设备实际情况拟合出的运行参数，为固定常数。

显然，在已有的燃气轮机建模中，首先，并未考虑对所生产热能进行品位划分，因此限制了综合能源系统优化运行过程中对能源利用效率的提升效果；其次，在建模中缺少对机组启停情况的考虑，一定程度上减弱了模型的工程实用性。

综合以上对比，本文所改进构建的分品位出力燃气轮机模型，兼顾了能量梯级利用的优化需求，同时也考虑了机组启停这一实际运行因素对多能联产联供系统稳定运行的影响。

（2）分布式光伏。在工业园区中存在着建筑物顶棚、幕墙、屋顶以及园区空地等可以长时间受到太阳光照射的空间，由于光伏阵列组件轻便，安装简易，最重要的是可以有效利用空地、屋顶等表面进行装设和电力生产，因此在相关设备成本价格逐渐降低的背景下，光伏阵列成为当前工业园区内主要配置的分布式新能源设备。分布式光伏设备的电能出力主要受到太阳辐射

强度、外界环境温度两大天气因素的影响，其运行模型为

$$p_{e,pv}(t)=\eta_{e,pv}S_{pv}G(t) \tag{4-3}$$

式中：$p_{e,pv}(t)$为分布式光伏的电能出力；$\eta_{e,pv}$为分布式光伏的能量转换效率；$G(t)$为单位面积太阳辐射强度。

2. 工业园区能源存储设备建模

工业园区综合能源系统内配置的能源存储设备包括储存电能用的蓄电池以及用于储存热能用的储热罐。以蓄电池、储热罐为代表的储能设备在综合能源系统中所起到的主要作用有二：①在能源价格低廉的时间段内进行充能，之后在能源需求较高或者能源价格较高的时间段内放能，起到“低储高用”的能源供应作用；②在联产设备产生冗余出力的时候进行充能，在能源需求较高或者能源价格较高的时间段内放能，起到在时间序列上平移负荷，减少不同能源用能节律差异带来的不利影响，支持综合能源系统稳定运行的作用。

（1）蓄电池。作为电能的存储设备，蓄电池可以存储廉价的电能和设备的冗余电能出力，并在必要的时刻放电协助系统进行经济调度，蓄电池的运行模型为

$$\begin{cases}
E_{es}(t+1)=(1-\sigma_{es})E_{es}(t)+(\eta_{es,ch}p_{es,ch}(t)-p_{es,dis}(t)/\eta_{es,dis})\Delta t \\
E_{es,min}\leqslant E_{es}(t)\leqslant E_{es,max} \\
p_{es,ch,min}x_{es,ch}(t)\leqslant p_{es,ch}(t)\leqslant p_{es,ch,max}x_{es,ch}(t) \\
p_{es,dis,min}x_{es,dis}(t)\leqslant p_{es,dis}(t)\leqslant p_{es,dis,max}x_{es,dis}(t) \\
x_{es,ch}(t)+x_{es,dis}(t)\leqslant 1 \\
\sum_{t=1}^{D}x_{es,ch}(t)\leqslant N_{es},\sum_{t=1}^{D}x_{es,dis}(t)\leqslant N_{es}
\end{cases} \tag{4-4}$$

式中：$E_{es}(t)$为蓄电池的蓄电量；σ_{es}为蓄电池的自放电系数；$E_{es,max}$、$E_{es,min}$分别为蓄电量的上、下限；$p_{es,ch}(t)$为蓄电池的充电功率；$p_{es,ch,max}(t)$、$p_{es,ch,min}(t)$分别为充电功率的上、下限；$p_{es,dis}(t)$为蓄电池的放电功率；$p_{es,dis,max}(t)$、

$p_{\mathrm{es,dis,min}}(t)$分别为放电功率的上、下限；$\eta_{\mathrm{es,ch}}$、$\eta_{\mathrm{es,dis}}$分别为蓄电池的充、放电效率。$x_{\mathrm{es,ch}}(t)$、$x_{\mathrm{es,dis}}(t)$分别为充、放电调度因子，它们都是 0-1 布尔变量，同一台蓄电池在同一个时刻只能够处于充电状态或放电状态其中之一，或者是不工作，因此两个调度因子的和大于 0 并小于 1；N_{es}为蓄电池充放电次数的上限。

（2）储热罐。作为热能的存储设备，储热罐也可以对冗余的高品位热能进行存储，协助实现能量的高效利用。储热罐的运行模型为

$$\begin{cases} E_{\mathrm{hs}}(t+1)=(1-\sigma_{\mathrm{hs}})E_{\mathrm{hs}}(t)+(\eta_{\mathrm{hs,ch}}p_{\mathrm{hs,ch}}(t)-p_{\mathrm{hs,dis}}(t)/\eta_{\mathrm{hs,dis}})\Delta t \\ E_{\mathrm{hs,min}}\leqslant E_{\mathrm{hs}}(t)\leqslant E_{\mathrm{hs,max}} \\ p_{\mathrm{hs,ch,min}}x_{\mathrm{hs,ch}}(t)\leqslant p_{\mathrm{hs,ch}}(t)\leqslant p_{\mathrm{hs,ch,max}}x_{\mathrm{hs,ch}}(t) \\ p_{\mathrm{hs,dis,min}}x_{\mathrm{hs,dis}}(t)\leqslant p_{\mathrm{hs,dis}}(t)\leqslant p_{\mathrm{hs,dis,max}}x_{\mathrm{hs,dis}}(t) \\ x_{\mathrm{hs,ch}}(t)+x_{\mathrm{hs,dis}}(t)\leqslant 1 \\ \sum_{t=1}^{D}x_{\mathrm{hs,ch}}(t)\leqslant N_{\mathrm{hs}},\sum_{t=1}^{D}x_{\mathrm{hs,dis}}(t)\leqslant N_{\mathrm{hs}} \end{cases} \tag{4-5}$$

式中：$E_{\mathrm{hs}}(t)$为储热罐的蓄热量；σ_{hs}为储热罐的自放能系数；$E_{\mathrm{hs,max}}$、$E_{\mathrm{hs,min}}$分别为储热罐蓄热量的上、下限；$p_{\mathrm{hs,ch}}(t)$、$p_{\mathrm{hs,dis}}(t)$分别为储热罐的充、放能功率；$p_{\mathrm{hs,ch,max}}(t)$、$p_{\mathrm{hs,ch,min}}(t)$分别为充能功率的上、下限；$p_{\mathrm{hs,dis,max}}(t)$、$p_{\mathrm{hs,dis,min}}(t)$分别为放能功率的上、下限；$\eta_{\mathrm{hs,ch}}$、$\eta_{\mathrm{hs,dis}}$分别为储热罐的充、放能效率；$x_{\mathrm{hs,ch}}(t)$、$x_{\mathrm{hs,dis}}(t)$分别为储热罐的充、放能调度因子，与蓄电池类似，它们都是 0-1 布尔变量，同一台储热罐在同一个时刻只能够处于充电状态或放电状态其中之一，或者是不工作，因此两个调度因子的和也是大于 0 并小于 1；N_{hs}为储热罐充放电次数的上限。

3. 工业园区能源转换设备建模

在传统工业园区内，主要以煤炭等化石能源为原料进行热能供应，具有高排放、高耗能、低能效的弊端。随着电能替代的推进与综合能源系统的推广，逐渐以电能、热电联产设备进行供暖和制冷。同时以电能替代为基础的

能源转换设备与分布式可再生能源共同配置，通过能源灵活互济加强系统对新能源的消纳能力，全面提升供能经济性、清洁性。工业园区内能源转换设备包括电热泵、电制冷机和吸收式制冷机。

电热泵将电能转换为热能，电制冷机将电能转换为冷能，吸收式制冷机将热能转换为冷能，电能参与供冷、供热，极大地拓宽了电能的用途，也减少了对化石能源的依赖，提升了系统用能的清洁性。

以电热泵、电制冷机、吸收式制冷机为代表的能源转换设备的配置是实现工业园区多能源耦合、转换、互补互济的重要基础，同时也是实现电、热、冷能源流之间能量分品位梯级利用的重要媒介。

通过模型整合，能源转换设备可共用一个通用的表达式，即

$$\begin{cases} p_{\text{output}}(t) = \eta_{\text{cov}} p_{\text{input}}(t) \\ p_{\text{output,min}} \leqslant p_{\text{output}}(t) \leqslant p_{\text{output,max}} \end{cases} \tag{4-6}$$

式中：$p_{\text{input}}(t)$、$p_{\text{output}}(t)$分别为能源转换设备的输入、输出功率；$p_{\text{output,min}}$、$p_{\text{output,max}}$分别为输出功率的下、上限；η_{cov}为能源转换设备的转换效率。

4. 工业园区能源供需平衡关系建模

（1）工业园区电能负荷模型。

1）弹性电负荷。工业园区内，对电能质量有较高需求的生产负荷刚性较强，而用于插座、照明的生活负荷弹性较强，在不影响用户生产生活的情况下可进行用能行为的调整。因此这些负荷具有一定的调控潜力，通过调控这些弹性负荷可以实现电能负荷在单一时刻上的增加或者削减，并实现负荷在全天内的平移，实现对电能负荷的时序优化作用。对于这些弹性负荷进行如下建模，为

$$\begin{cases} L_{\text{e,mov,min}}(t) \leqslant L_{\text{e,mov}}(t) \leqslant L_{\text{e,mov,max}}(t) \\ \sum_{t=1}^{D} L_{\text{e,mov}}(t) = 0 \end{cases} \tag{4-7}$$

式中：$L_{\mathrm{e,mov}}(t)$为工业园区电能弹性负荷；$L_{\mathrm{e,mov,min}}(t)$、$L_{\mathrm{e,mov,max}}(t)$分别为 t 时刻弹性负荷变化的上、下限。全天之内，电能弹性负荷的总和为 0。

2）电动汽车充电负荷。另一具有极强调控潜力的工业园区电能负荷为电动汽车充电负荷。在前述已有研究中，电动汽车可作为移动储能设备，在停车充电时段内参与电力系统调度，通过车载电池的充放以及放能辅助电力系统经济稳定运行。但是在当前车载电池技术条件下，频繁或是高量级地进行电动汽车放电会对车载电池造成损耗，显著缩短车载电池的寿命，电动汽车用户通过电池放电参与电力系统调控在现阶段是得不偿失的，这造成了电动汽车用户参与放电的意愿不高，近期内通过电动汽车车载电池放电参与能源系统调控难以大范围、普及化应用。综合园区发展需求以及未来负荷调控的发展进程，本书分析对电动汽车参与工业园区综合能源系统灵活调控做出如下设置：在电动汽车用户停车充电的时间段内，以满足用户充电需求为前提对接入充电站的电动汽车充电顺序、充电功率进行调节，可起到优化电力负荷时序分布的作用。假设园区中共有 I 辆电动汽车和 J 个充电桩，X_{I*J*T}，是一个表示电动汽车充电状态的 0-1 布尔变量矩阵，工业园区充电站内电工汽车充电负荷的调度模型为

$$\begin{cases} P_{\mathrm{vc},i}=[1-\mathrm{SoC}_i(t_{i,\mathrm{start}})]E_{\mathrm{vc},i}=\sum_{t=0}^{D}p_{\mathrm{vc,charge}}x_{\mathrm{vc},i,j}(t)\Delta t \\ L_{\mathrm{vc,charge}}(t)=\sum_{j=1}^{J}p_{\mathrm{vc,charge}}x_{\mathrm{vc},i,j}(t) \\ \sum_{j=1}^{J}x_{\mathrm{vc},i,j}(t)=1,\sum_{i=1}^{I}x_{\mathrm{vc},i,j}(t)=1 \\ x_{\mathrm{vc},i,j}(t)=0\,(t<t_{i,\mathrm{start}},t>t_{i,\mathrm{end}}) \\ x_{\mathrm{vc},i,j}(t)=1\,(t_{i,\mathrm{start}}\leqslant t\leqslant_{i,\mathrm{end}}) \end{cases} \tag{4-8}$$

式中：$P_{\mathrm{vc},i}$ 为充电额度；$t_{i,\mathrm{start}}$、$t_{i,\mathrm{end}}$ 分别为各电动汽车的停车开始和停车结束时刻；$\mathrm{SoC}_i(t_{i,\mathrm{start}})$为电动汽车在停在停车场内的初始荷电状态（SoC）；$x_{\mathrm{vc},i,j}(t)$为在 t 时刻电动汽车 i 与充电桩 j 的连接状态，当车辆连接充电桩并开始充电

时 $x_{\mathrm{vc},i,j}(t)$=1，反之，$x_{\mathrm{vc},i,j}(t)$=0；$L_{\mathrm{vc,\,charge}}(t)$为 t 时刻所有充电桩输出电能之和。

3）数据中心。数据中心是信息化社会不断发展的产物，随着人类社会的智能化水平不断提升，数据中心成为了与人力资源、自然资源一样重要的战略资源、商业资源，当前也被视为企业的重要资产。随着数据中心应用普及化，计算能力不断提升，数据中心的运行能耗及其运行成本也将会不断攀升。如 2019 年中国数据中心数量大约有 7.4 万个，约占全球数据中心总量的 23%，数据中心机架规模达到 227 万架。根据测算，如按照现有速度发展，数据中心能耗占全球能耗的比例，将从 2015 年的 0.9%上升到 2025 年的 4.5%，直至 2030 年的 8%。我国的数字经济发展趋势迅猛，可以预见，数据中心的能耗占比将高于全球的平均水平。因此，工业园区中数据中心的用能调节同样应当引起重视。数据中心中的主要设备为承担海量计算任务的服务器，在保证计算任务完成要求的前提下，对这些服务器的工作状态进行调节同样可以实现工业园区内电力负荷时序形态的优化。工业园区数据中心服务器电能需求约束为

$$
\begin{aligned}
&p_{\mathrm{dc,e}}(t)=p_{\mathrm{I}}+\mu_{\mathrm{dc}}(t)\left[p_{\mathrm{P}}-p_{\mathrm{I}}\right]\\
&\mu_{\mathrm{dc,min}}=\frac{1}{\lambda_{\mathrm{delay,max}}}+\frac{1}{m}\\
&0\leqslant\mu_{\mathrm{dc}}(t)\leqslant 100\%
\end{aligned}
\tag{4-9}
$$

式中：$p_{\mathrm{dc,e}}(t)$ 为数据中心在 t 时刻下的电能负荷；p_{I} 为数据中心中服务器空载状态下的电能消耗功率；$\mu_{\mathrm{dc}}(t)$ 为数据中心的服务器利用率；p_{P} 为数据中心服务器满载状态下的电能消耗功率；m 为数据中心中的服务器总台数；$\mu_{\mathrm{dc,min}}$ 为满足完成计算任务的最小服务器利用率；$\lambda_{\mathrm{delay,max}}$ 为处理任务最大延迟时长。在完成各时刻计算任务的前提下对数据中心的服务器利用率进行合理调节，即可实现对数据中心电力需求的优化调节。

（2）工业园区热能负荷模型。在工业园区内，温控负荷主要用于调节建筑物内的温度，为工业园区维持适宜的工作、生活环境，是品位需求较低且调节

较为灵活的热能负荷。空调负荷作为冬夏两季取暖负荷和降温负荷的最主要组成部分，在温控负荷中占主导地位，且其比重正在逐年上升。空调负荷作为部分地区夏季占比最高的电力负荷，往往导致用电高峰时期的供电形式更加紧张，进一步加深了电力供需矛盾，为电力系统的安全稳定运行带来了新的挑战。与此同时，空调负荷作为可控资源具有强大的供需互动调节潜力，能够为需求侧能量管理提供机遇。以空调负荷为代表的园区温控负荷的运行模型如下：

$$\begin{cases}\left\{k_{\text{wall}} S_{\text{wall}}\left[T_{\text{out}}(t)-T_{\text{in}}(t)\right]\right\}\Delta t+\\\left\{k_{\text{win}} S_{\text{win}}\left[T_{\text{out}}(t)-T_{\text{in}}(t)\right]\right\}\Delta t+\\\left[G(t)S_{\text{win}}S_{\text{c}}+p_{\text{in}}(t)\right]\Delta t+\\\left[L_{\text{ACL.h}}(t)-L_{\text{ACL.c}}(t)\right]\Delta t=\rho V_{\text{air}}C_{\text{air}}\left[T_{\text{in}}(t+1)-T_{\text{in}}(t)\right]\\\qquad T_{\text{in,min}}\leqslant T_{\text{in}}(t)\leqslant T_{\text{in,max}}\end{cases} \tag{4-10}$$

式中：k_{wall}为建筑物外墙散热系数；S_{wall}为建筑物外墙面积；k_{win}为建筑物外窗散热系数；S_{win}为建筑物外窗面积；S_{c}为建筑物遮挡系数；$p_{\text{in}}(t)$为建筑物各时刻室内物体热值；$L_{\text{ACL,h}}$为建筑物制热产生的温控负荷；$L_{\text{ACL,c}}$为建筑物制冷所产生温控负荷；ρ为空气密度；V_{air}为建筑物内空气体积；C_{air}为空气比热容；$T_{\text{out}}(t)$为外界环境温度；$T_{\text{in}}(t)$为室内设定温度；$T_{\text{in,min}}$、$T_{\text{in,max}}$分别为室内设定温度的下、上限，由用户实际情况决定。

在工业园区中，需要较高品位的热能进行产品热的加工。对于中品位热能的生产负荷进行余热回收可得到低品位热能，这一过程的运行模型为

$$p_{\text{steam,low}}(t)=\eta_{\text{steam}}L_{\text{steam,mid}}(t) \tag{4-11}$$

式中：$L_{\text{steam,mid}}(t)$为中品位热能负荷；$p_{\text{steam,low}}(t)$为回收所得低品位热能；η_{steam}为热能回收效率。

（3）工业园区能量梯级利用供需平衡模型。

1）对于电能，立足于高品位电能保证工业园区精密生产任务，低品位电能满足工业园区生活需要，依据工业园区内不同用户对电能品位（电能质量）的不同需求，构造了电能梯级利用的能量供需平衡约束，即

$$\begin{cases} p_{\mathrm{e,gt}}(t)+p_{\mathrm{eb}}(t)\geqslant L_{\mathrm{e}}(t)+p_{\mathrm{dc,e}}(t) \\ L_{\mathrm{e}}(t)+L_{\mathrm{e,mov}}(t)+p_{\mathrm{es}}(t)+L_{\mathrm{vc,charge}}(t)+p_{\mathrm{es,ch}}(t)+ \\ p_{\mathrm{e,input}}(t)=p_{\mathrm{e,gt}}(t)+p_{\mathrm{e,pv}}(t)+p_{\mathrm{es,dis}}(t)+p_{\mathrm{eb}}(t) \end{cases} \tag{4-12}$$

式中：$L_{\mathrm{e}}(t)$为刚性较强、对电能品位需求较高的生产负荷；$p_{\mathrm{e,input}}$为其余生活负荷、电动汽车充电负荷和能源转换负荷；$p_{\mathrm{eb}}(t)$为从电网购买的电能；$p_{\mathrm{es}}(t)$为工业园区向电网出售的冗余电能。来自配电网、燃气轮机的电能优先供应$L_{\mathrm{e}}(t)$，同时，数据中心的服务器执行重要的计算任务，对电能质量要求相对较高，也需要优先进行高质量的电能供应。在满足这个前提条件的情况下，来自配电网、燃气轮机、分布式光伏的电能出力一同满足其余生活负荷、电动汽车充电负荷和能源转换负荷的电能输入$p_{\mathrm{e,input}}(t)$。同时，通过蓄电池这一电能存储设备来对负荷运行情况进行一定程度的优化。

2）对于热能，同样立足于高、中品位热能参与工业产品热加工任务，低品位热能进行工业园区内普通的生活热负荷供应，依据不同用户对热能品位（热能温度）的不同需求，构建了热能梯级利用的能量供需平衡约束，即

$$\begin{cases} p_{\mathrm{h,gt,mid}}(t)+p_{\mathrm{hs,dis}}(t)\geqslant L_{\mathrm{steam,mid}}(t)+p_{\mathrm{hs,ch}}(t) \\ p_{\mathrm{h,gt,mid}}(t)+p_{\mathrm{hs,dis}}(t)-L_{\mathrm{steam,mid}}(t)-p_{\mathrm{hs,ch}}(t)+p_{\mathrm{h,gt,low}}(t)+ \\ p_{\mathrm{steam,low}}(t)+p_{\mathrm{h,output}}(t)=L_{\mathrm{h}}(t)+L_{\mathrm{ACL,h}}(t)+p_{\mathrm{h,input}}(t) \end{cases} \tag{4-13}$$

式中：$L_{\mathrm{h}}(t)$为普通的生产、生活用低品位热能负荷；$p_{\mathrm{h,output}}(t)$为能源转换设备的热能输出；$p_{\mathrm{h,input}}(t)$为能源转换设备的热能输入。基于热能的梯级利用原则，中品位热能首先供应给生产负荷，其次可以充入蓄热罐作为储备。余下的中品位热能与能源生产设备低品位热能一同供应给低品位的温控负荷以及其余普通热负荷。

3）对于冷能，工业园区内的冷能满足工业冷库制冷需求以及工业园区内建筑物温度调节需求，基于此建立如下供能模型，即

$$p_{\mathrm{c,output}}(t)=L_{\mathrm{c}}(t)+L_{\mathrm{ACL,c}}(t) \tag{4-14}$$

其中能源转换设备输出的冷能直接供应给温控冷负荷和其他冷负荷。

4.2.2 传统工业园区综合能源系统运行优化建模方法

4.2.1 中对工业园区中多种设备进行了建模，本节将对传统的工业园区综合能源系统运行优化建模。

通过对已有文献资料、研究成果进行总结归纳，可发现传统综合能源调度方法大多立足于经济角度，以综合能源系统运行经济性最大化为优化目标。传统综合能源系统优化调度模型架构如图 4-2 所示。

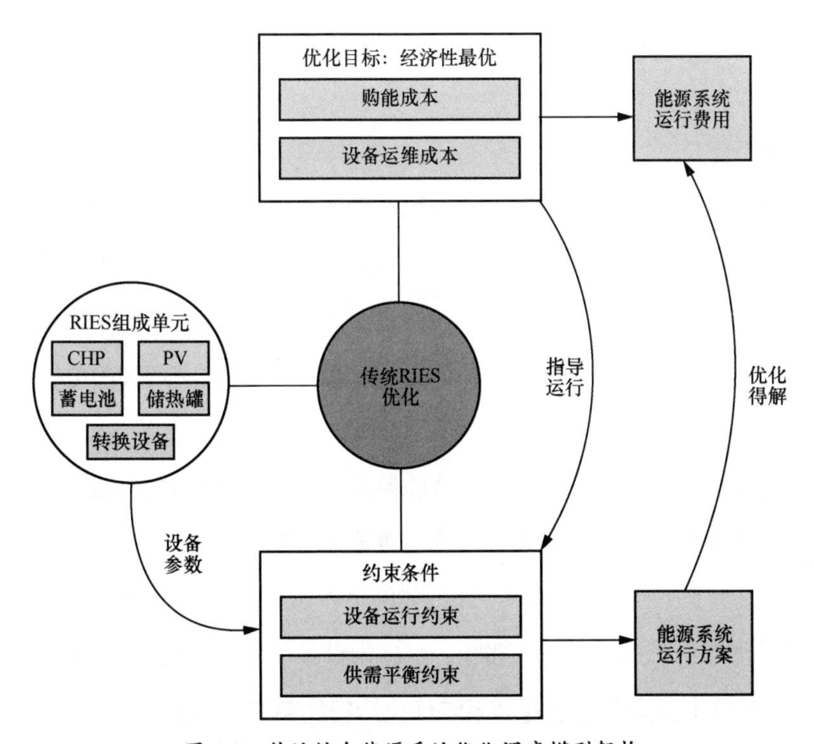

图 4-2　传统综合能源系统优化调度模型架构

根据前述能源生产、存储、转换设备建模，已有研究中所形成的综合能源系统优化调度模型建立起包含购能费用、设备运维成本最小化的综合能源系统运行经济性最大化优化目标，指导设备运行约束以及供需平衡约束下的系统仿真运行，最终得出能源系统运行费用最低的优化运行方案。进一步对该结构下所采用的目标函数与约束条件做详细说明。

1. 传统工业园区综合能源系统优化运行目标函数分析

已有研究将系统运行的日运行费用组成归结为两个主要组成部分：①园区综合能源供能系统向上级能源网络购买天然气、电能等能源的购能成本；②园区综合能源系统在进行能源供应时利用所配置建设的各种设备进行能源生产、存储、转换，为维护这些能源生产、转换、存储设备需要付出设备运维成本。立足于系统运行经济性的工业园区综合能源系统日运行费用优化目标函数为

$$\begin{aligned}\min f = &\sum_{t=1}^{D}\left[c_{\mathrm{g}}(t)p_{\mathrm{g,gt}}(t)\Delta t\right]+\sum_{t=1}^{D}\left[c_{\mathrm{eb}}(t)p_{\mathrm{eb}}(t)\Delta t-c_{\mathrm{es}}(t)p_{\mathrm{es}}(t)\Delta t\right]+\\&\sum^{J}\sum_{t=1}^{D}\left[c_{j,\mathrm{om}}p_{j}(t)\Delta t\right]\end{aligned} \tag{4-15}$$

式（4-15）的第一行为工业园区综合能源系统购能成本，由购买天然气的燃料成本和与电网进行电能交易所产生的购电成本，其中 $c_{\mathrm{g}}(t)$为天然气价格；$p_{\mathrm{g,gt}}(t)$为工业园区的燃气轮机天然气用能；Δt 为单位时间；$c_{\mathrm{eb}}(t)$为电网售电价格；$c_{\mathrm{es}}(t)$为用户向电网售电价格；$p_{\mathrm{eb}}(t)$为用户向电网购买的电能；$p_{\mathrm{es}}(t)$为用户向电网出售的电能。

式（4-15）的第二行为园区综合能源系统中所建设配置的能源生产、存储、转换设备在应用过程中所产生的运维成本。对于综合能源系统内的某设备 j，$p_j(t)$是其在 t 时刻的设备出力，具体的设备出力由前述式（4-2）～式（4-6）的设备模型在约束条件限制下得出；$c_{j,\mathrm{om}}$ 为设备单位出力的运行维护成本。

2. 传统工业园区综合能源系统优化运行约束条件分析

传统的工业园区综合能源系统优化运行约束条件除了在能源设备出力建模上仅考虑天然气、电能、热能等能源的量级供需平衡，并未考虑能量的梯级利用，建模为

$$\begin{aligned}&L_{\mathrm{e}}(t)+L_{\mathrm{e,mov}}(t)+p_{\mathrm{es}}(t)+L_{\mathrm{vc,charge}}(t)+p_{\mathrm{es,ch}}(t)+\\&p_{\mathrm{e,input}}(t)+p_{\mathrm{dc,e}}(t)=p_{\mathrm{e,gt}}(t)+p_{\mathrm{e,pv}}(t)+p_{\mathrm{es,dis}}(t)+p_{\mathrm{eb}}(t)\end{aligned} \tag{4-16}$$

$$\begin{aligned}&p_{\mathrm{h,gt}}(t)+p_{\mathrm{hs,dis}}(t)-L_{\mathrm{steam}}(t)-p_{\mathrm{hs,ch}}(t)+\\&p_{\mathrm{h,output}}(t)=L_{\mathrm{h}}(t)+L_{\mathrm{ACL,h}}(t)+p_{\mathrm{h,input}}(t)\end{aligned} \tag{4-17}$$

$$p_{\mathrm{c,output}}(t) = L_{\mathrm{c}}(t) + L_{\mathrm{ACL,c}}(t) \tag{4-18}$$

该约束条件的设置单纯满足负荷对于能源量级的需求，并未对能源设备输出进行品位区分，也并未考虑低品位能源的回收利用。与此同时，也并未对园区用户的能源品位需求进行划分。因此，这种输出量等于需求量的供需平衡设置限制了综合能源系统用能效率的提升，同时，也无法保证园区内用户的用能质量与用能可靠性需求。

3. 传统工业园区综合能源系统优化模型架构分析

利用数学模型分析画布，对已有优化研究所得出的工业园区综合能源系统优化模型架构进行综合分析。传统工业园区综合能源系统优化数学模型分析画布见表 4-1。

表 4-1　传统工业园区综合能源系统优化数学模型分析画布

<table>
<tr><th>优化目标</th><th>运行约束</th><th>优化意图</th><th>模型数学特征</th><th>客户细分</th></tr>
<tr><td rowspan="3">工业园区综合能源系统运行经济性最优：
1. 工业园区购入天然气、电能成本费用最低；
2. 工业园区应用所建设配置能源设备进行多种能源的生产、存储、转换过程中所产生的设备运行、维护成本费用最低</td><td>1. 燃气轮机运行线性约束；
2. 分布式光伏运行约束；
3. 蓄电池运行约束；
4. 储热罐运行约束；
5. 能源转换设备运行约束；
6. 工业园区电能、热能负荷运行约束；
7. 工业园区天然气、电能、热能、冷能供需平衡约束</td><td rowspan="3">产生经济性最优的工业园区综合能源系统能源供应策略</td><td>混合整数线性模型：
整数变量来自储能设备充放能状态变量以及电动汽车接入状态变量</td><td rowspan="3">电子制造业、金属加工业、非金属加工业、纺织业用户不区分能源品位需求，仅满足量级需求</td></tr>
<tr><th>主要模型</th><th>能源流组成</th></tr>
<tr><td>1. 燃气轮机、分布式光伏线性稳态模型（未区分能量品位）；
2. 蓄电池、储热罐稳态模型；
3. 电制冷机、吸收式制冷机、热泵能源转换设备稳态模型；
4. 电动汽车、温控负荷用户侧灵活可控资源稳态模型</td><td>1. 天然气（热电联产原料）；
2. 电能；
3. 热能；
4. 冷能</td></tr>
<tr><th colspan="5">模型总结</th></tr>
<tr><td colspan="5">1. 目标函数中仅考虑经济性最优；
2. 设备建模未考虑部分设备的实际运行状态以及能量出力品位划分；
3. 供需平衡建模遵循“输出量等于需求量”的能源量级平衡原则</td></tr>
</table>

该传统工业园区综合能源系统优化数学模型分析画布总体上明确了传统工业园区综合能源系统优化模型架构在优化意图上是经济最优导向，产生经济性最优的工业园区综合能源系统能源供应策略。

在能源供应架构上遵循“输出量等于需求量”的能源量级平衡原则。在能源设备建模上未考虑部分设备的实际运行状态以及能量出力品位划分。

为进一步实现工业园区高效用能、清洁供能的目标，需要依据优化数学模型分析画布分析产生的模型短板进行优化运行模型完善。

4.2.3 环保工业园区综合能源系统运行优化建模方法

4.2.2 中，传统的工业园区综合能源系统优化运行目标函数中只考虑从经济性角度出发，追求综合能源系统运行费用最低。但是当前工业综合能源项目不仅仅重视经济运行，对于园区运行的环保情况同样十分重视。因此本书在建立优化模型的过程中，在保证工业园区综合能源系统经济运行的前提下进一步考虑将园区运行清洁性、低碳性作为优化运行的环境保护维度纳入优化目标之中。根据前述对已有文献形成工业园区综合能源系统优化数学模型的综合分析，进而提出考虑环境效益以及能量梯级利用并涵盖多优化目标的优化模型架构。考虑环境效益的综合能源系统优化调度模型架构如图 4-3 所示。

根据前述能源生产、存储、转换设备建模，考虑环境效益的综合能源系统优化调度模型除了建立起包含购能费用、设备运维成本最小化的综合能源系统运行经济性最大化优化目标，同时建立了碳排放相关的系统用能清洁性最优化目标，指导设备运行约束、供需平衡约束以及能量梯级利用供能约束下的系统仿真运行，最终得出能源系统运行费用最低、碳排放最低的优化运行方案。进一步对该结构下所采用的目标函数与约束条件做详细说明。

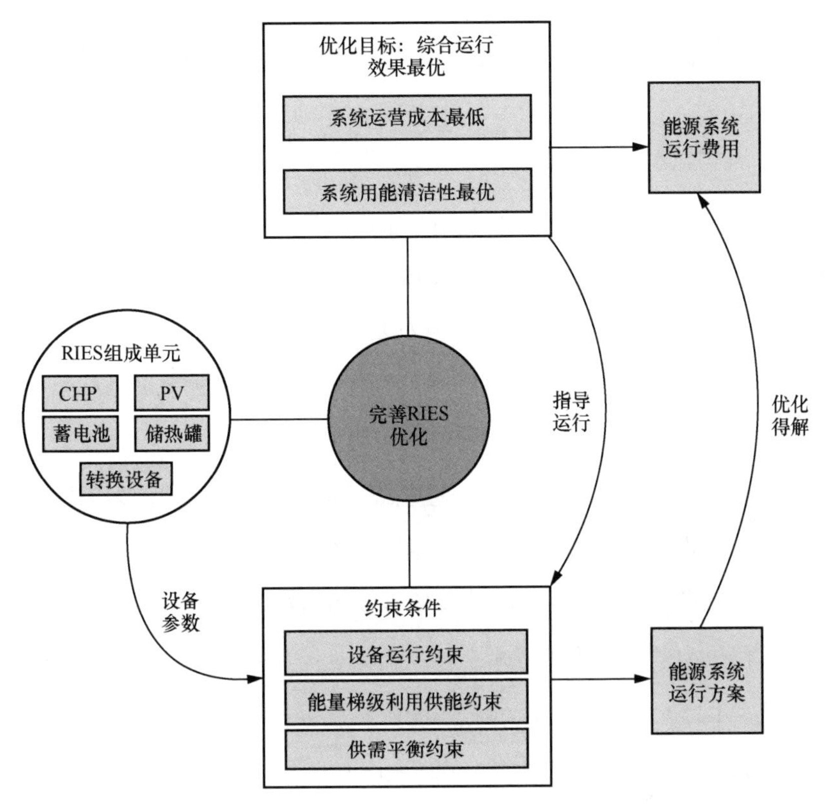

图 4-3　考虑环境效益的综合能源系统优化调度模型架构

1. 考虑环境效益的工业园区综合能源系统优化运行目标函数分析

衡量园区综合能源系统运行低碳性、清洁性，最为直观的体现就是工业园区用能过程所产生的碳排放量，因此在碳交易机制逐渐成熟的背景下，本书通过在原有的经济性最优目标函数中加入最小化碳税费用一项，来实现对系统用能过程碳排放的量化，进而通过将碳排放计算为碳税费用，使得新增加的清洁性优化目标与原有的经济性优化目标在量纲上保持了一致，降低了优化目标函数复杂度。更重要的是通过改进优化目标函数，在优化过程中降低园区碳排放，兼顾了能源系统运行经济性与清洁性，提升园区供能环境友好性、运行清洁性的效果。完善后的工业园区综合能源系统优化运行目标函数为

$$\min f = \sum_{t=1}^{D}\left[c_{\mathrm{g}}(t)p_{\mathrm{g,gt}}(t)\Delta t\right] + \sum_{t=1}^{D}\left[c_{\mathrm{eb}}(t)p_{\mathrm{eb}}(t)\Delta t - c_{\mathrm{es}}(t)p_{\mathrm{es}}(t)\Delta t\right] + \sum^{J}\sum_{t=1}^{D}\left[c_{j,\mathrm{om}}p_{j}(t)\Delta t\right] + c_{\mathrm{ctax}}\left[\sum_{t=1}^{D}e_{\mathrm{gas}}p_{\mathrm{g,gt}}(t)\Delta t + \sum_{t=1}^{D}\frac{e_{\mathrm{grid}}p_{\mathrm{eb}}(t)\Delta t}{\eta_{\mathrm{grid}}}\right] \tag{4-19}$$

式（4-19）的第一行与式（4-15）中的相同，为工业园区综合能源系统购能成本，由购买天然气的燃料成本和与电网进行电能交易所产生的购电成本。其中：$c_{\mathrm{g}}(t)$为天然气价格；$p_{\mathrm{g,gt}}(t)$为工业园区的燃气轮机天然气用能；Δt为单位时间；$c_{\mathrm{eb}}(t)$为电网售电价格；$c_{\mathrm{es}}(t)$为用户向电网售电价格；$p_{\mathrm{eb}}(t)$为用户向电网购买电能；$p_{\mathrm{es}}(t)$为用户向电网出售的电能。

式（4-19）的第二行第一部分也与式（4-15）中的相同，为园区综合能源系统中所建设配置的能源生产、存储、转换设备在应用过程中所产生的运维成本。对于综合能源系统内的某设备j，$p_j(t)$为其在t时刻的设备出力；$c_{j,\mathrm{om}}$为设备单位出力的运行维护成本。

在式（4-15）的基础上，为考虑能源系统运行经济性并统一优化目标函数量纲，加入对碳税费用的计算。式（4-19）的第二行第二部分为碳税费用，c_{ctax}为单位碳税；e_{gas}为天然气的单位二氧化碳排放率；e_{grid}为传统电力生产的单位二氧化碳排放率；η_{grid}为电力系统电能传输效率。

2. 考虑环境效益的工业园区综合能源系统优化运行约束条件分析

与式（4-16）～式（4-18）的能源供需平衡约束相比，式（4-12）～式（4-14）做出了改进，具体在于对天然气、电能、热能、冷能能源的供应做出了梯级利用的优化排序。依据天然气、电能、热能、冷能逐级递减的能源流品位总体关系，在能源流内部梯级利用上，确定了中、高品位能源优先保证园区内有精密生产任务用户的用能需求，其余的能量以及低品位能量进而满足普通生活用途的能源需求，完成单一能源流梯级供应。冗余的能源通过能源转换设备输出为低一级品位的能源进行供应，实现多能耦合下多种能源流之间的能量梯级利用。

与此同时，式（4-1）体现了能源梯级利用下，综合能源生产设备实际能源分品位输出进行的模型改进。同时全面考虑了设备实际运行过程中的启停状态、爬坡状态，增加了能源设备物理模型的建模精细化程度。在式（4-11）中，模型进一步考虑了在能源梯级利用的框架下对高品位以及中品位能源进行回收转化为低品位能源再利用，深化了能量梯级利用对能源利用效率的提升作用。

3. 考虑环境效益的工业园区综合能源系统优化运行模型架构分析

上述优化模型即为从园区综合能源系统运行经济最优、能源利用清洁性最优两大维度出发建立的计及能量梯级利用的工业综合能源系统多能协同优化模型，进一步总结形成考虑环境效益的工业园区综合能源系统优化数学模型分析画布，见表 4-2。

表 4-2　考虑环境效益的工业园区综合能源系统优化数学模型分析画布

<table>
<tr><th>优化目标</th><th>运行约束</th><th>优化意图</th><th>模型数学特征</th><th>客户细分</th></tr>
<tr><td rowspan="3">工业园区综合能源系统综合运行效果最优：
1. 工业园区购入天然气、电能成本费用最低（经济角度）；
2. 工业园区应用所建设配置能源设备进行多种能源的生产、存储、转换过程中所产生的设备运行、维护成本费用最低（经济角度）；
3. 工业园区能源利用过程中二氧化碳排放被征收的碳税费用最低（环境角度）</td><td>1. 燃气轮机分品位出力运行线性约束；
2. 分布式光伏运行约束；
3. 蓄电池运行约束；
4. 储热罐运行约束；
5. 能源转换设备运行约束；
6. 高品位、中品位能源利用回收运行约束；
7. 工业园区电能、热能负荷运行约束；
8. 工业园区天然气、电能、热能、冷能供需平衡约束</td><td rowspan="3">产生兼顾系统运营经济性最优与系统用能清洁性最优的工业园区综合能源系统能源供应策略</td><td>混合整数线性优化模型：
整数变量来自能源设备启停状态变量、储能设备充放能状态变量以及电动汽车接入状态变量</td><td rowspan="3">1. 电子制造业、金属加工业、非金属加工业、纺织业、数据中心的重要生产任务电能、热能需求优先以高品位、中品位能量供应；
2. 商业用户日常工作、生活用电、用热以及电动汽车充电可利用中品位、低品位能量进行梯级利用供能，并且起到消纳新能源出力的效果</td></tr>
<tr><th>主要模型</th><th>能源流组成</th></tr>
<tr><td>1. 燃气轮机、分布式光伏线性稳态模型（已区分能量品位）；
2. 蓄电池、储热罐稳态模型；
3. 电制冷机、吸收式制冷机、热泵能源转换设备稳态模型；
4. 高、中品位负荷剩余能量回收再利用梯级利用模型；
5. 园区电动汽车充电负荷模型；
6. 园区温度控制负荷模型</td><td>1. 天然气（热电联产原料）；
2. 电能：依照电能质量被划分为高品位、中品位、低品位进行梯级利用；
3. 热能：依照热能温度被划分为高品位、中品位、低品位进行梯级利用；
4. 冷能：能量梯级利用结构中最低品位能源流</td></tr>
</table>

续表

模型总结
1．目标函数中综合考虑系统运营经济性最优、系统用能清洁性最优； 2．设备建模进一步考虑部分设备的实际运行状态并且对能源设备的能量出力品位划分； 3．对部分高品位、中品位能源需求负荷设置能量回收约束，进一步深化能量梯级利用供能结构应用效果； 4．供需平衡建模立足于“品位对口，梯级利用”的供能原则建立能量梯级供应的供需平衡约束

通过对改进完善后的工业园区综合能源系统优化数学模型分析画布进行总结，可以进一步明确，改进后的优化模型在兼顾系统运营经济性和系统用能清洁性的优化意图指导下，以工业园区综合能源系统日运行费用和用能排放碳税费用最小化为目标，最终得到工业园区内设备调度出力策略以及可控负荷调节策略，提升园区运行经济性、清洁性。

在能源供应架构上，以满足能源量的需求的基础上进一步将供能架构向满足能源质与量的方向细化，通过建立高、中、低品位能量需求依序满足的供需平衡约束，实现了工业园区能量梯级利用供能架构的数学模型化表达。与此同时，通过完善能源设备能量分品位输出模型、负荷能量回收模型的改进与整合，进一步提升了能源设备、能源负荷稳态建模在计及能量梯级利用的工业园区综合能源系统多能协同优化模型的适用性。

对该优化模型进行数学优化问题类型分析，该模型属于混合整数线性优化问题，是当前较为便于求解的一类数学问题。

4.2.4　多能协同优化模型求解方法

前文建立了计及能量梯级利用的工业综合能源系统多能协同优化模型，发掘合适的求解算法，进而完成对所提的多能协同优化模型的求解，保证精准、高效地得出指导工业园区综合能源系统运行的运营计划的关键。本小节将进行以下几件事：首先梳理分析多能协同优化模型的基本数学性质，明确从哪些角度寻找和设计合适的求解算法；随后对当下主流的优化模型求解算法进行特点归纳、效果对比，明确不同算法的优势及改进空间；最后设计出能够满足求解精度和速度的多能协同优化模型求解算法，以支撑后续对的模型仿真和实例验证。

1. 多能协同优化模型的数学性质分析

优化模型的数学性质需要结合模型的目标函数、优化变量、模型边界条件等信息综合分析，表 4-3 从数学优化角度进行了详细、全面地分析，展示了所建立的计及能量梯级利用的工业综合能源系统多能协同优化模型的变量类型、优化变量、模型性质等方面信息。

表 4-3 计及能量梯级利用的工业综合能源系统多能协同优化模型数学性质分析

<table>
<tr><th>目标函数分析</th><th>设备建模约束条件分析</th><th>模型数学性质</th></tr>
<tr><td rowspan="3">目标函数如式（4-19）所示：
1. 工业园区购入天然气、电能成本费用：能源购入量与能源价格乘积，为线性表达式；
2. 工业园区应用所建设配置能源设备进行多种能源的生产、存储、转换过程中所产生的设备运行、维护成本：能源设备出力乘能源设备运行维护单位价格，为线性表达式；
3. 工业园区能源利用过程中二氧化碳排放被征收的碳税费用：工业园区运营二氧化碳排放量乘单位碳税费用，为线性表达式</td><td>1. 燃气轮机分品位出力稳态运行约束，含有启停状态整数变量，见式（4-1）；
2. 分布式光伏运行线性约束，见式（4-3）；
3. 蓄电池运行约束，含充放能状态整数变量，见式（4-4）；
4. 储热罐运行约束，含充放能状态整数变量，见式（4-5）；
5. 能源转换设备运行线性约束，见式（4-6）；
6. 高品位、中品位能源利用回收运行约束，见式（4-11）</td><td>混合整数线性优化模型：其中整数变量来自于储能设备充放能状态变量以及电动汽车接入状态变量</td></tr>
<tr><th>负荷模型分析</th><th>供需平衡约束分析</th></tr>
<tr><td>1. 工业园区电能弹性负荷线性模型，见式（4-7）；
2. 工业园区电动汽车充电负荷模型，含接入状态整数变量，见式（4-8）；
3. 工业园区数据中心用电负荷线性模型，见式（4-9）；
4. 工业园区空调负荷稳态线性模型，见式（4-10）</td><td>1. 工业园区电能能量梯级利用线性约束，见式（4-12）；
2. 工业园区热能能源梯级利用、电能与热能能源转换梯级利用线性约束，见式（4-13）；
3. 工业园区冷能以及电能、热能、冷能能源转换梯级利用线性约束，见式（4-14）</td></tr>
<tr><th colspan="3">优化变量组成</th></tr>
<tr><td colspan="3">1. 燃气轮机、分布式光伏、蓄电池、储热罐、吸收式制冷机、电制冷机、热泵出力；
2. 燃气轮机启停状态、蓄电池以及储热罐充放能状态；
3. 电动汽车连接状态以及充电功率；
4. 建筑物室内空调设定温度；
5. 电能、热能弹性负荷调节量</td></tr>
</table>

通过对所形成计及能量梯级利用的工业综合能源系统多能协同优化模型的目标函数、约束条件、优化变量数学性质进行分析，明确了计及能量梯级利用的工业综合能源系统多能协同优化模型的混合整数线性优化问题本质，进一步进行主要启发式智能算法以及数值解析算法的求解机理分析，进行优化模型求解算法的选取。

2. 求解算法的对比与选择

下面将对广泛使用的几个求解算法进行对比分析，从而选择或设计出合适的求解算法。

（1）求解算法特点对比分析。综合分析前述启发式智能算法以及数值解析算法基本原理，从客观上讲，数值解析算法中和智能启发式算法在优化模型求解速率以及最终求解精准性等方面各有特色，应结合实际问题进行选择。

总结本章节所介绍的主流数学求解算法，对求解算法特点进行归纳对比，见表 4-4。

表 4-4　数学求解算法归纳对比

求解算法	算法类别	算法特点	求解特点
遗传算法	启发式智能算法	适应各种问题，但是难以处理等式约束	可求得逼近的近似最优解
NSGA-II 算法	启发式智能算法	适应求解多目标问题	可求得逼近的近似最优解
分支定界法	数值解析算法	适用性和效果受数学优化模型的严格限制，需要结合具体问题具体分析	可求得全局最优解

可见，遗传算法、NSGA-II 算法对于优化模型的普遍适用性比较强，但是所求得的解可能并非全局最优解，而是满足收敛情况的近似最优解，此外，随着每次迭代搜索方向的改变，对于同一个问题，启发式智能算法可能会得出不同的解。因此，启发式智能算法一般用于求解十分复杂的数学模型，求得一个较优的可行解。分支定界法作为一种被广泛使用的数值解析算法，可

以实现对全局最优解的求取。显然，对于同一个优化问题，分支定界法可以求得确定的、唯一的全局最优解。但是，数值解析算法需要根据不同的模型进行调整，其应用过程中的普遍适应性较低。

因此，对于本文所提出的计及能量梯级利用的工业综合能源系统多能协同优化模型，应当结合模型目标函数、约束条件以及优化变量的具体数学性质，分析不同算法对模型的具体求解处理流程，通过对比进一步进行合适的算法选取。

（2）求解算法求解流程对比分析。对于本文所形成计及能量梯级利用的工业综合能源系统多能协同优化模型，模型的优化变量中燃气轮机、分布式光伏、蓄电池、储热罐、吸收式制冷机、电制冷机、热泵出力、电动汽车充电功率、建筑物室内空调设定温度以及电能、热能弹性负荷调节量为连续变量；燃气轮机启停状态、蓄电池以及储热罐充放能状态、电动汽车连接状态为非连续变量，这是求解难点所在。

对于以遗传算法和 NSGA-II 算法为代表的智能算法，在处理混合整数线性优化问题过程中，首先是对燃气轮机启停状态、蓄电池以及储热罐充放能状态、电动汽车连接状态这些非连续整数变量进行松弛，将这些变量转化为连续变量。其次，对于设备建模约束条件、园区负荷建模约束条件以及供需平衡约束条件中的等式约束，均要进行松弛，转换为不等式约束，之后形成求解可行域进行迭代优化求解。启发式智能算法求解流程如图 4-4 所示。

在启发式智能算法这种松弛后逼近的求解机理下，优化调度模型所求得解得精度是难以保证的。与此同时，启发式智能算法可能会得出不同的解这一现象也会为模型求解带来不利影响。

利用分支定界法这一具有代表性的数值解析方法进行模型求解，可以避免对等式约束、非连续变量的松弛，直接形成可行域，并将优化问题转化为子问题进行分支定界求解。数值解析算法求解流程如图 4-5 所示。

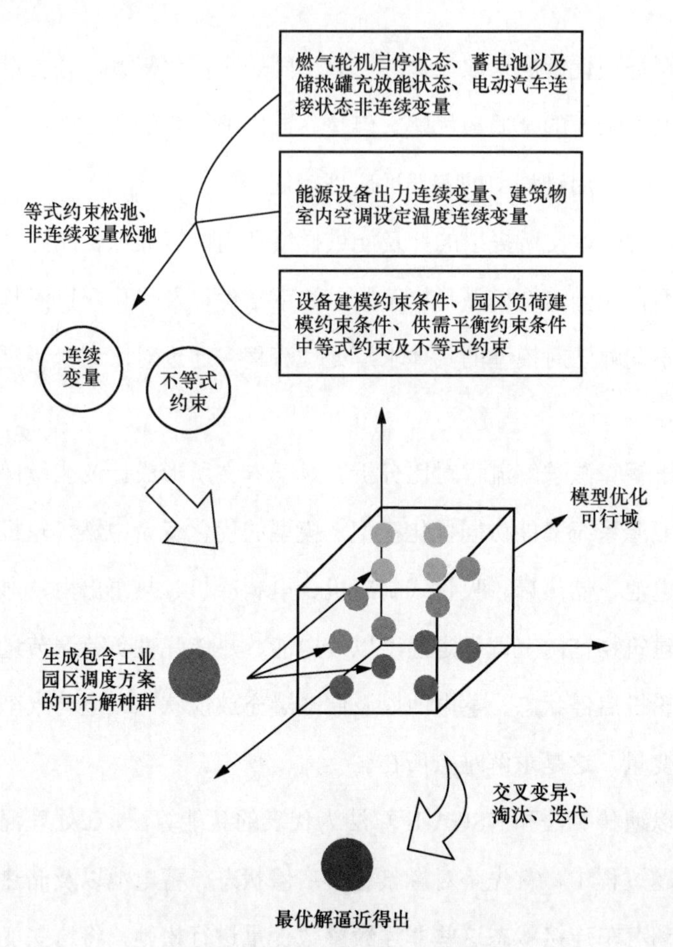

图 4-4　启发式智能算法求解流程

同时，该算法可求取优化问题的精确最优解，因此可选取为与所形成多能协同优化模型相匹配的求解算法。需要注意的是，随着模型复杂度变化，分支定界法的求解速率也会随之改变，因此，应当在保证求解精度的同时，通过对算法进行改进，进一步提升多能协同优化模型的求解速率。

（3）求解算法改进。通过多种求解算法的求解机理、针对所提模型的求解流程进行对比分析，确定以分支定界法作为所提出的计及能量梯级利用的工业综合能源系统多能协同优化模型求解方法。为提升数值解析算法的求解效率，现对基于分支定界法产生的 Yalmip 求解程序以及 Cplex 求解器、Gurobi 求解器进行介绍，并进一步通过改进、组合配置求解程序以及求解器寻求求解效率最高的算法组合。

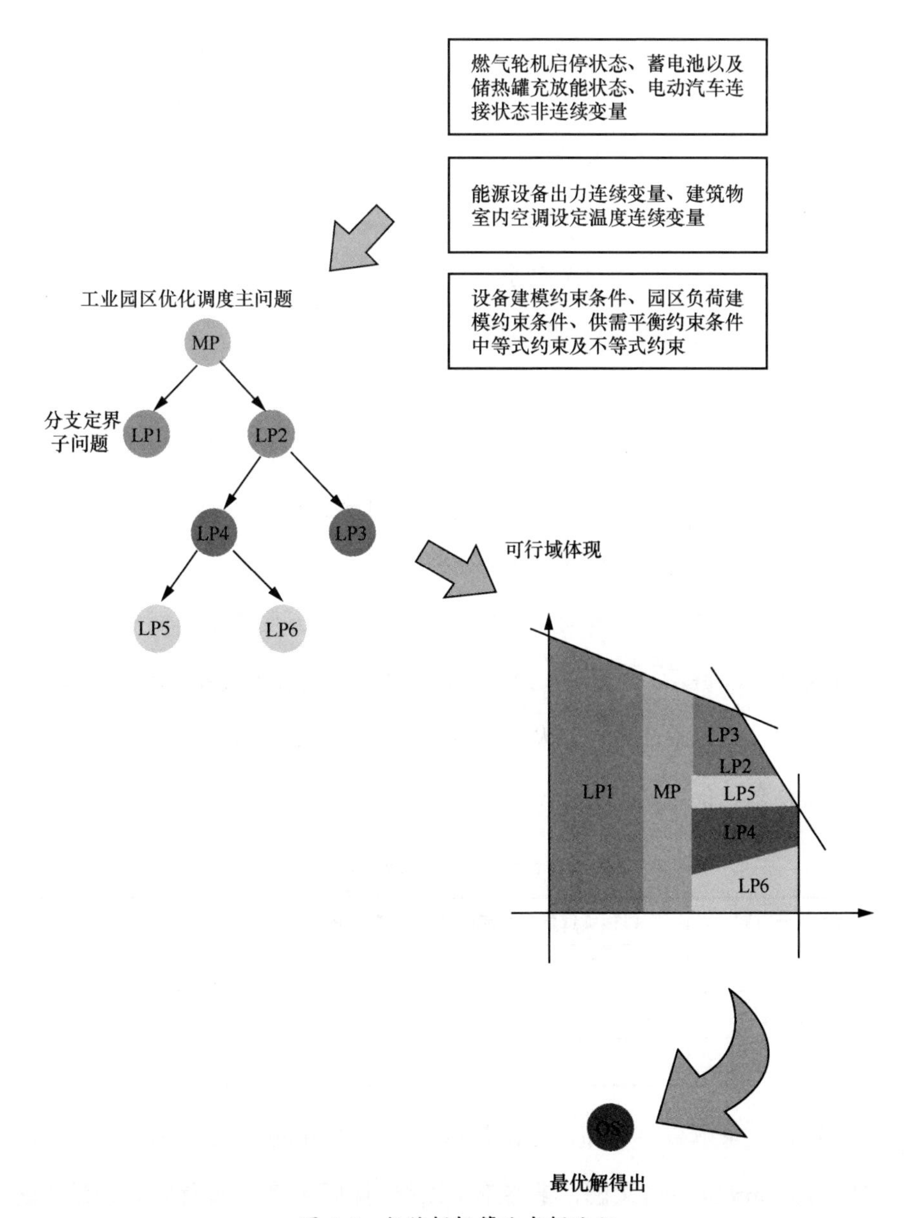

图 4-5　数值解析算法求解流程

1）Yalmip 是 Lofberg 开发的 Matlab 优化模型求解程序，使用者依照 Yalmip 的优化程序书写格式进行优化模型编写，即调用程序内置的分支定界算法进行线性模型的求解。Yalmip 只是降低了数学模型程序化的难度，其分支定界算法求解泛化性比较好，但是求解效率较低。因此需要在 Yalmip 程序编写的基础上，进一步联合调用其他高性能求解器，在保证优化程序编写简易性的基础上进一步提升求解效率。

2）Cplex 是由 IBM 公司最初研发的大型数学模型求解器，能够快速处理大规模优化变量之间的复杂关系并进行快速求解，可广泛应用于决线性规划、和混合整数规划线性规划问题的求解。

3）Gurobi 是由 Gurobi Optimization 公司开发的新一代大规模优化器，在混合整数线性规划问题的分支定界求解方面，充分利用多核处理器优势进行多个子问题的并行求解，同时，可进一步对分支定界过程的剪支策略进行优化，全面提升优化模型的求解效率。

结合所提出计及能量梯级利用的工业综合能源系统多能协同优化模型，利用实际仿真数据，以 Yalmip 为基础求解程序，分别与 Cplex 和 Gurobi 进行改进配置，对比求解精度以及求解效率。对求解算法改进方案进行仿真实验，所得仿真结果数据见表 4-5。

表 4-5　　求解方法改进方案仿真结果数据

求解算法方案	目标函数优化结果/（日运营总费用/元）	求解用时/s
Yalmip	47539.50	2420
Yalmip+Cplex	47539.50	450
Yalmip+Gurobi	47539.50	160

对比以上求解效果可知，无论是单一使用 Yalmip，还是 Yalmip+Cplex 或 Yalmip+Gurobi 联合求解，最终都可以得到相同精度的最优解。在最优解的求取上 3 种算法是无差异的。进一步对比 3 种求解算法的问题求解用时，

分析可得，单一使用 Yalmip 求解，求解用时可达 2420s，耗时极长；使用 Yalmip+Cplex 联合求解，求解用时得到极大缩短，降至 450s，已经可以满足工业园区综合能源系统调度的需求；而当应用 Yalmip+Gurobi 联合求解，求解用时降至 160s，模型求解效率得到了进一步的提升。

通过各优化算法改进配置方案进行仿真实验，进而对仿真优化求解精度、优化求解用时进行对比分析，可得出在保证优化求解精度相同的前提下，Yalmip+Gurobi 联合求解算法是针对所形成计及能量梯级利用的工业综合能源系统多能协同优化模型求解效率最高的改进求解算法配置方案。

因此，本书最终利用 Yalmip+Gurobi 联合求解算法与计及能量梯级利用的工业综合能源系统多能协同优化模型一同解决计及能量梯级利用的工业综合能源系统多能协同优化问题。仿真运行实际数据、详细仿真结果将在下一章内容中进行阐述。

本章小结

工业园区是当前综合能源系统项目的主要推广应用对象，在传统用供能结构下，工业园区存在能源应用低能效、高耗能、高排放的限制。综合能源系统则可以通过能源转换、互补互济，能够经济、灵活地满足工业园区内多样、高量级的能源负荷。

本章在总结综合能源系统能源调度方法已有文献资料和研究成果的基础上，全面分析了传统综合能源系统优化运行模型的不足，最终结合前文提出的考虑能量梯级利用的工业园区综合能源系统运行策略，形成了计及能量梯级利用的工业综合能源系统多能协同优化模型。进而全面分析了所形成优化模型的数学性质，提出了针对性的高效求解算法。主要研究成果如下。

（1）计及能量梯级利用的工业综合能源系统多能协同优化模型。基于数学优化理论，通过分析、改进已有综合能源系统多能协同优化模型，从系统运行经济性、用能清洁性出发，针对工业园区综合能源系统日运行费用和用能排放建立了工业园区综合能源系统多能协同优化模型的优化目标函数；结合前文对不同来源的电、热、气能源的品位评估结果，建立了以燃气轮机为主的能源生产设备分品位出力模型以及高中品位负荷剩余能量回收模型；结合前文对不同用户负荷品位需求的分析,对于不同用途、不同需求弹性、不同品位需求的工业园区负荷更有针对性地建立了负荷模型；遵循考虑梯级利用的工业园区综合能源系统供能策略建立了电、热、气多能源品位对口、梯级利用的能量供需平衡模型。最终形成了计及能量梯级利用的工业综合能源系统多能协同优化模型，该模型为较为便于求解的混合整数线性优化模型。

（2）计及能量梯级利用的工业综合能源系统多能协同优化模型求解方法分析。承接前文建立的计及能量梯级利用的工业综合能源系统多能协同优化模型，从所提出多能协同优化模型的目标函数、约束条件、优化变量出发，全面分析了该多能协同优化模型各组成部分的数学性质，进而明确了计及能量梯级利用的工业综合能源系统多能协同优化模型的混合整数线性优化问题本质。在此基础上综合分析了以遗传算法、NSGA-II 算法为主的启发式智能算法和分支定界法为主的数值分析算法，针对所提出多能协同优化模型的数学本质进行了算法基本原理介绍、算法求解特点以及求解机理对比分析。从而确定了对混合整数线性优化问题求解效果最佳且能够得到全局最优解的分支定界法作为本文所得计及能量梯级利用的工业综合能源系统多能协同优化模型的求解算法。

通过结合多能协同优化模型和实际运行数据对不同改进优化求解方案进行求解精度、求解效率的仿真对比，最终针对计及能量梯级利用的工业综合能源系统多能协同优化模型形成了兼顾高求解精度与高求解效率的联合求解算法。

5 传统工业园区多能综合利用案例

前面已经形成了计及能量梯级利用的工业综合能源系统多能协同优化模型，该模型为混合整数线性优化问题。为了求解该模型，可以考虑多种求解器，如 Cplex、Gurobi 等。通过对比这些求解方法的求解精度和效率，最终确定以改进后的 Yalmip+Gurobi 联合求解方案作为计及能量梯级利用的工业综合能源系统多能协同优化的求解算法。

本章节将运用实际工业园区的数据进行多能协同优化模型的仿真实证，并深入分析能量梯级利用能源供应架构在经济性、清洁性、稳定性等方面的应用效果。

5.1 案例背景

中国工业园区数量庞多，种类广泛，在各个省市的工业园区发展阶段各异，是我国经济发展的重要支柱，根据《中国开发区审核公告目录》（2018年版）显示，国家级和省级园区共有 2543 家，近年仍在增加。园区聚集各种不同的企业工厂，产业共生潜力大，用能形式多种多样，主要有电、热、气等；对能源的需求量大，对供能可靠性、稳定性要求较高。据估算，我国工业部门对能源的消耗占全社会能源消费量的 65%，是我国能源集中式消耗的大户，因此，工业园区的碳排放量也不容乐观，园区的低碳能源发展还有很大的进步空间。目前工业园区对煤炭、原油和天然气的依赖程度仍然很高，但是园区能源结构多样化进展尤为迅速，许多园区能够充分利用余热，以生物质、生活垃圾和工业废料等非常规能源为原料的基础设施发展迅速。

本文以天津某工业园区为例，组建应用能量梯级利用供能结构的工业园区综合能源系统，结合工业园区内的实际建筑数据、气象数据和当前主流能源设备参数，进行夏季制冷场景 1 天内的经济优化调度。

本文所述的工业园区内包括生产区（建筑总容积 7200 m^3）、冷藏区（建筑总容积 134400 m^3）、办公区（建筑总容积 55200 m^3）3 个功能分区。同时，该工业园区内的停车场充电站拥有充电功率 20 kW 的充电桩 100 台，承担着工业园区内所有电动汽车的充电供能任务。园区所在地天津夏季月平均高温在 32℃，低温为 22℃，日照时间长。

案例园区综合能源系统中包含有燃气轮机、光伏发电装置、蓄电池、储热罐、电制冷机、吸收式制冷机及热泵等装置，模型优化考虑园区电动汽车驶停概率分布、太阳照射角度和建筑物外窗朝向对温度的影响、分时电价等因素，分别设置考虑能量梯级利用和不考虑能量梯级利用两个场景进行对比，分析两个场景的仿真结果、供能能效、一次能源利用效率和供需平衡情况，以明晰能量梯级利用供能架构的应用效果。

5.2 案例仿真实证分析

5.2.1 仿真数据与场景设定

工业园区内三大主要功能区主要建筑相关参数见表 5-1，工业园区主要使用的电动汽车包括电动运输车、公务车及私家车，各类车辆的车辆参数与停驶情况概率分布（时间变量定义域[0,96]）见表 5-2。

表 5-1　工业园区主要建筑相关参数

功能区	S_{wall}/m^2	S_{win}/m^2	k_{wall}/[W/(m^2·K)]	k_{win}/[W/(m^2·K)]	T_{comf}/℃	可接受温度范围/℃
生产区	1200	400	0.92	2.7	22.5	20~25
冷藏区	9000	2000			0	−1~1
办公区	8200	4000			22.5	20~25

表 5-2　　工业园区电动汽车参数与停驶情况概率分布

车型	数量/辆	$E_{vc,i}$/(kW·h)	充电次数	初始 SoC 分布	停车开始时间分布	停车时长分布	各时段充电概率
运输车	180	80	1	$N(0.3,0.1^2)$	$U(12,20)$	$U(12,20)$	0.3
					$U(44,52)$		0.3
					$U(76,84)$		0.3
私家车	90	60	1	$N(0.45,0.1^2)$	$U(28,34)$	$U(40,48)$	1
公务车	60	60	1	$N(0.4,0.1^2)$	$U(40,48)$	$U(12,20)$	0.5
					$U(68,76)$	$U(52,56)$	0.5

1. 仿真数据设定

本节案例根据电动汽车停驶特性概率分布利用蒙特卡洛法生成 1000 个工业园区综合能源系统电动汽车充电负荷初始场景，之后利用同步会带场景削减法，得到一个发生概率最大的工业园区典型电动汽车充场景。

工业园区所处城市某夏季典型天气场景数据如图 5-1 所示，同时，考虑到实际太阳照射建筑物角度以及不同建筑物外窗朝向对室内温度的影响，S_c 近似为 0.45，空气密度为 1.2kg/m^3，空气比热容为 1000J/(kg·℃)。

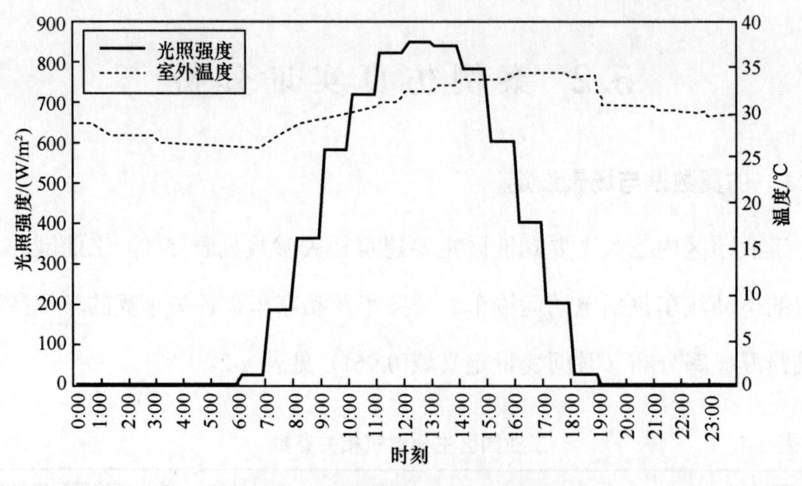

图 5-1　夏季典型天气场景数据

工业园区综合能源系统内建筑物内热源主要为设备与人体发热，其数据如图 5-2 所示。

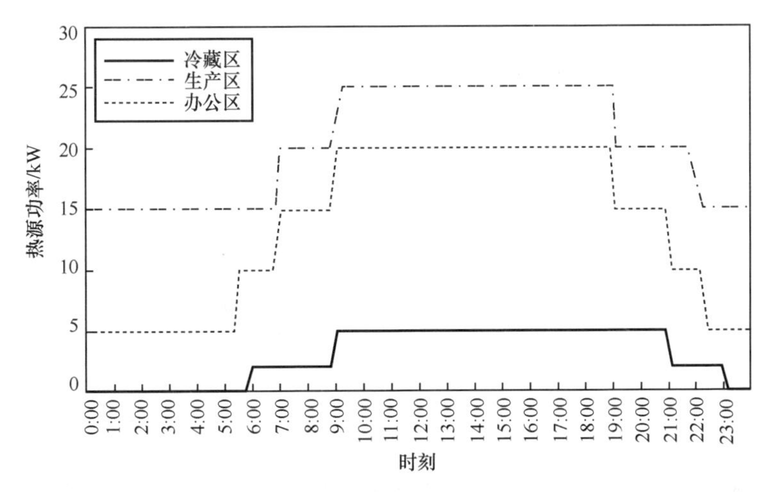

图 5-2 工业园区室内热源数据

工业园区典型日负荷曲线如图 5-3 所示，本案例所采用的电能交易价格（购电价格采用分时电价）、天然气价格及主要设备参数见表 5-3，主要设备运维费用见表 5-4。

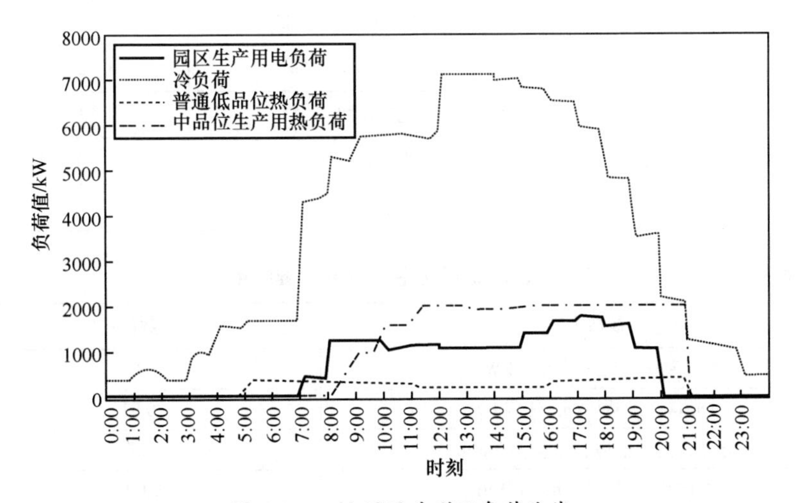

图 5-3 工业园区典型日负荷曲线

对于工业园区中所配置的数据中心，其设备配置情况及主要运行参数见表 5-5。

表 5-3　工业园区能源系统电能交易价格、天然气价格及主要设备参数

参数类别	数值	
电价/元/(kW·h)	0:00～8:00	0.364（谷时电价）
	12:00～17:00, 21:00～24:00	0.854（平时电价）
	8:00～12:00,17:00～21:00	1.300（峰时电价）
天然气价/元/(kW·h)	0.349	
燃气轮机	$a_{1,gt}/\ a_{2,gt}$	2.5/56
	$\eta_{h,g,mid}/\ \eta_{h,g,low}$	0.9/4.5
	出力上限/下限/kW	2500/900
	出力爬坡率/（kW/min）	30
光伏出力上/下限/kW	400/0	
蓄电池	容量/（kW·h）	800
	充放电功率上限/下限/kW	600/0
	充电效率/放电效率	0.9/0.9
储热罐	容量/（kW·h）	1000
	充放能功率上限/下限/kW	800/0
	充能效率/放能效率	0.95/0.95
能量转换设备效率	电制冷机	1.8
	吸收式制冷机	3.6
	热泵	4.3

表 5-4　工业园区能源系统主要设备运维费用

参数类别	数值	
燃气轮机运维费用/元/（kW·h）	0.01	
光伏运维费用/元/（kW·h）	0.01	
分布式光伏度电补贴/元/（kW·h）	0.37	
蓄电池运维费用/元/（kW·h）	0.003	
储热罐运维费用/元/（kW·h）	0.001	
充电桩运维费用/元/（kW·h）	0.0006	
能源转换设备运维费用/元/（kW·h）	电制冷机	0.003
	吸收式制冷机	0.006
	热泵	0.008

表 5-5 工业园区数据中心设备配置情况及主要运行参数

数据类别	p_I/kW	p_P/kW	m/台
数值	225	375	1000
数据类别	$\lambda_{delay,max}/s$		
数值	2		

2. 场景设定

为进一步验证能量梯级利用供能结构的应用对于工业园区综合能源系统经济性、用能清洁性以及用能效率的提升，本节案例设计了两个工业园区综合能源系统典型运行场景进行对比分析。

（1）场景 1。无能量梯级利用的工业园区综合能源系统，采用综合能源系统对工业园区进行能源供应，但不考虑电能、热能分品位供应，仅仅统一分配能量，依据能量购入以及生产输出量满足能源需求量的原则来满足冷、热、电需求。

（2）场景 2。能量梯级利用的工业园区综合能源系统，采用综合能源系统对工业园区进行能源供应，考虑品位对口的梯级利用供能结构来满足园区冷、热、电需求。

在两个场景下，利用所形成 Yalmip+Gurobi 联合求解方案对所形成多能协同模型进行求解，所得优化结果展示将于 5.2.2 中进行阐述。

5.2.2 仿真结果分析与总结

本节将对工业园区的多能协同模型进行求解，并从能源费用成本以及一次能源利用效率两个方面对各运行方式下的园区优化调度目标函数结果进行分析。最后对能量梯级利用供能结构下工业园区的能源供需平衡进行分析。

1. 目标函数仿真结果分析

基于所述工业园区综合能源系统建筑物参数、气候参数以及能源设备参数、能源价格、能源设备单位应用运行费用和单位碳税价格，依照所设置的两个场景的能源供应结构进行仿真实证，各运行方式下的园区优化调度目标函数仿真结果见表 5-6。

表 5-6　　各运行方式下的园区优化调度目标函数仿真结果

运行场景	燃料费用/元	设备运维成本/元	电网交易费用/元	碳税费用/元	日运行总费用/元
场景 1	27606.82	1204.31	6953.13	8413.10	44177.36
场景 2	28283.46	1109.14	3286.32	7646.58	40325.50

对比两个运行方式下的工业园区优化调度目标函数仿真结果可知，在应用能量梯级利用供能结构之后，工业园区综合能源系统更加倾向于利用热电联产设备进行工业园区的能源供应。这是因为梯级利用结构形成后细分了电能、热能的不同用途，使得能源系统能够对热电联产设备进行更为灵活的调度，使其应用更为灵活。因此场景 2 与场景 1 相比，燃料费用升高了，但是同时也降低了对电网电力的需求，电网交易费用得到了削减。

与此同时，场景 2 下的设备运维成本和碳税费用与场景 1 相比有所降低，碳税费用的降低反映出能量梯级利用在综合能源系统中的应用也降低了系统的二氧化碳排放。场景 2 下的碳税费用为 7646.58 元，与场景 1 相比降低了 766.52 元，碳税费用削减了 9.11%，可见能量梯级利用的供能结构应用以及高品位、中品位能源剩余能量再回收的应用，显著降低了工业园区生产生活用能过程中的二氧化碳气体排放量，工业园区综合能源系统的用能低碳性、清洁性得到了显著提升。

在本节案例的仿真中，与场景 1 相比，场景 2 下工业园区综合能源系统的日运行总费用降低了 3851.86 元，日运行总费用削减了 8.72%。可见能量梯级利用供能结构不但可以提升系统的环境友好性、用能清洁性，还可以通过能源高效联产降低购能成本以及能源设备应用运维成本，通过对灵活资源的调控充分利用低价时段的能源，最终显著地起到提升工业园区综合能源系统运行经济性的作用。

2. 能量梯级利用供能能效提升分析

本案例从经济性、供能清洁性两个维度出发制定了工业园区综合能源系统协同优化模型的目标函数并进行了优化求解，同时能量梯级利用的重要应用效果还体现在对工业园区用能效率的提升上。从能源利用效率提升维度出发，本案例设定量化指标对所设置的运行场景进行进一步的对比分析。

本案例进一步对具有不同能源供应结构的工业园区综合能源系统的能源利用效率进行分析。结合已有文献，着重利用一次能源利用效率指标 K_{EF} 对系统的能源利用效率进行量化评估。多能系统的一次能源利用效率指标计算表达式为

$$K_{\mathrm{EF}}=\frac{\sum_{t=1}^{D}\left[p_{\mathrm{e,g}}(t)\Delta t\right]+\sum_{t=1}^{D}\left[p_{\mathrm{h,mid,g}}(t)\Delta t\right]+\sum_{t=1}^{D}\left[p_{\mathrm{h,low,g}}(t)\Delta t\right]}{\sum_{t=1}^{D}\left[p_{\mathrm{g}}(t)\Delta t\right]} \tag{5-1}$$

一次能源利用效率指标计算的是多能系统输入的天然气 p_{g} 与利用天然气所产生的电能 $p_{\mathrm{e,g}}$、中品位热能 $p_{\mathrm{h,mid,g}}$、低品位热能 $p_{\mathrm{h,low,g}}$ 之间的比值。通过对该指标进行计算，即可测算系统购入天然气后产出的主要可用能源的量，进而定量地确定多能系统生产生活的用能过程中对一次能源的利用效率。在不同运行场景下，工业园区综合能源系统一次能源利用效率仿真结果见表 5-7。

表 5-7 各运行场景下工业园区综合能源系统一次能源利用效率仿真结果

运行场景	场景 1	场景 2
$K_{\mathrm{EF}}\times100\%$	92.95%	98.43%

仿真结果表明，相对于能源网络相互独立的传统工业园区能源供应结构，工业园区综合能源系统自身已经具备较高的能源利用效率。在应用能量梯级利用供能结构后，系统对能量进行了更为精细化地分品位利用和低品位余热的回收再利用，工业园区综合能源系统的一次能源利用效率得到了进一

步提升。

具体分析工业园区综合能源系统能量梯级利用结构提升系统用能效率的主要原因如下。

（1）梯级利用结构中注重热能的分品位利用以及低品位热能回收再利用，这些用能措施显著提升了一次能源的利用效率。

（2）梯级利用结构建立的电能、热能梯级利用能源供应结构对不同来源的电能、热能的用途进行了更为明确地细分，使得多能系统可以配合电能、热能存储设备、多能源转换设备更为灵活地对热电联产设备进行优化调度，进而更加充分地发挥热电联产设备在电能、热能高效生产方面的优势。

3. 能量梯级利用供能结构下供需平衡分析

图 5-4 所示为应用能量梯级利用供能结构的工业园区综合能源系统电能的逐时供需平衡情况。

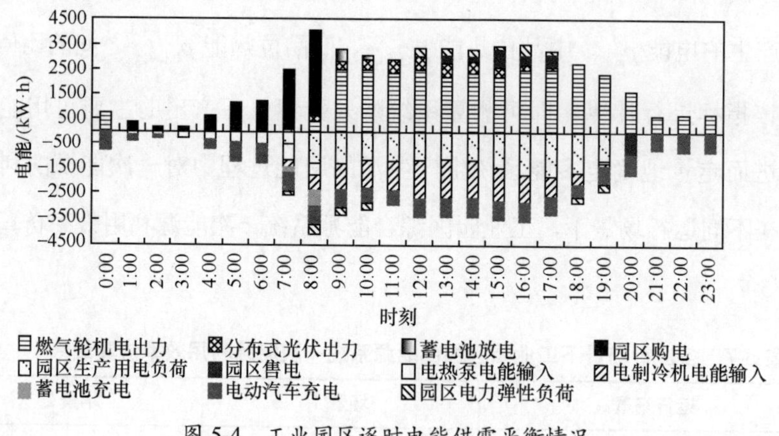

图 5-4　工业园区逐时电能供需平衡情况

在 1:00～8:00，电价为谷时电价，园区电能需求由电网满足较为经济，蓄电池也在这一时间段内进行充电。在 8:00 之后，电价升高，园区进入工作时间，电力需求增减，因此燃气轮机出力逐步上升，成为电能的主要来源。在 9:00～19:00，燃气轮机基本处于满发状态，同时，12:00～19:00 电力负荷较大，因此利用光伏出力、蓄电池放电以及平时电价的电能辅助燃气轮机满足电能需求。

在工业园区综合能源系统电能梯级利用结构下，电网电力、燃气轮机的电能出力显然均优先满足刚性较强、对电能品位要求较高的生产用电负荷以及工业园区数据中心的服务器用电负荷。其次用于电力弹性负荷、电动汽车用电、能源转换。对电力弹性负荷进行进一步说明，当该负荷在横坐标轴上方时，表明弹性负荷削减了电力负荷需求；反之则表明弹性负荷增加了电力负荷需求。显然在 12:00～17:00 这一时段，电能负荷较高，弹性负荷起削减作用。这种依照电能质量进行电能分品位供应的结构可以进一步提升综合能源系统电能供应的可靠性。

与此同时，在 8:00～12:00，17:00～21:00 这两个峰值电价时间段内，工业园区数据中心也减少了满载工作的服务器比例来降低电能消耗，减少工业园区的购电费用。

蓄电池在低电价时段充电，在高电价、高负荷时段放电，一定程度上起到了平移负荷，提升系统经济性的效果。在 19:00～21:00，园区内一些企业进入休息时段，电能需求逐渐降低，但此时电价较高，燃气轮机在满足电能需求的同时向电网售电以获取利润降低运行成本。

在工业园区综合能源系统热能梯级利用结构下，图 5-5 所示为应用能量梯级利用供能结构的工业园区综合能源系统中品位热能的逐时供需平衡情况。

工业园区综合能源系统所使用的中品位热能主要来自燃气轮机，在 0:00～8:00，园区内企业生产活动相对较少，燃气轮机基本出于停机状态，因此没有中品位热能供应。在 8:00～20:00，工业园区综合能源系统的中品位热能主要用于园区生产所产生的中品位热能负荷，剩余热能一部分转换为低品位热能进行供应，另一部分存储于储热罐中。电价较低时，部分电力由电网供应，燃气轮机电能出力降低导致余热锅炉出力一并处于较低水平，在这些时间段内储热罐放热弥补缺额，实现了负荷的平移，一定程度上也减轻了综合能源系统电负荷、热负荷变化趋势之间的差异为多能源联合调度所带来的不利影响。

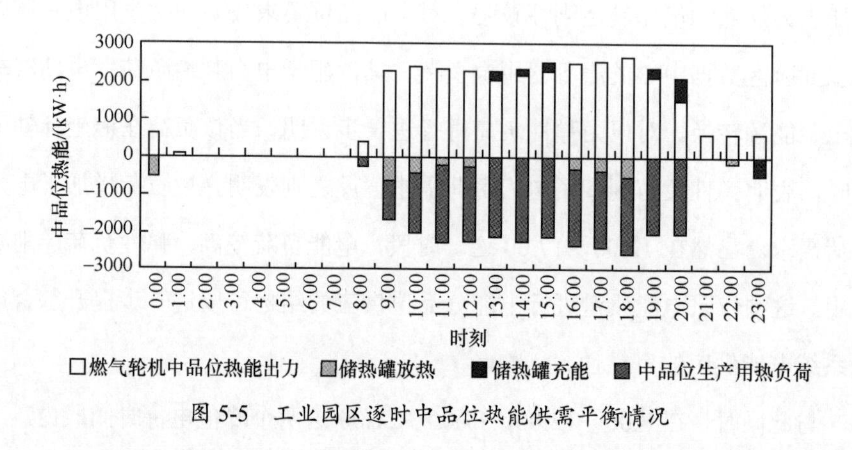

图 5-5　工业园区逐时中品位热能供需平衡情况

图 5-6 所示为应用能量梯级利用供能结构的工业园区综合能源系统低品位热能的逐时供需平衡情况。

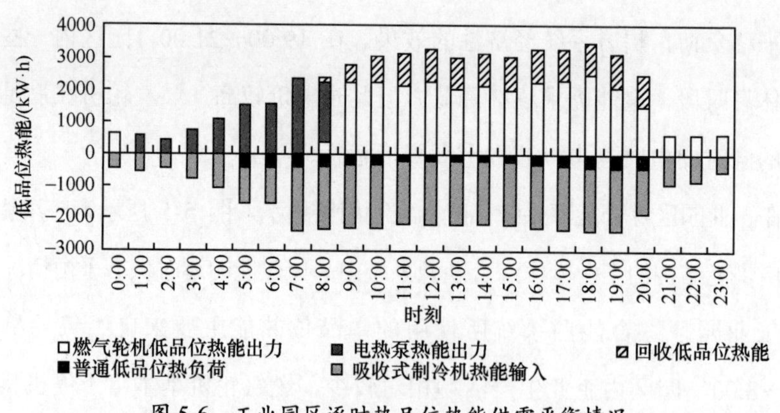

图 5-6　工业园区逐时热品位热能供需平衡情况

在夏季，温控负荷主要用于建筑物的制冷降温，少部分用于生产过程供暖。在 0:00～8:00，燃气轮机处于停机状态没有热能出力，热能需求由配电网提供电力经过能源转换设备转化为热能来满足。在其余时间段，燃气轮机的低品位热能出力与蒸汽负荷回收低品位热能一部分满足工业园区生产生活用热需求，另一部分作为吸收式制冷机的热能输入。

这种依照热源温度建立的热能分品位梯级利用结构进一步细分了不同品位热能的用途并且实现低品位热能的回收再利用，从而更为充分地发挥了工业园区综合能源系统用能高效的优势。

本章小结

本章利用天津某工业园区的真实数据，完成了计及能量梯级利用的工业综合能源系统多能协同优化模型以及在传统工业园区中应用的仿真和实证分析。针对所提出计及能量梯级利用的工业综合能源系统多能协同优化模型的进行求解算法后，本章为进一步验证所提出的多能协同优化模型的求解效果，结合了工业园区的实际建筑物数据、能源设备参数、电动汽车停驶状态参数、园区建筑物温度调节范围负荷数据进行仿真应用实证。应用实证环节设计了无能量梯级利用的工业园区综合能源系统、能量梯级利用的工业园区综合能源系统两个系统运行场景，通过对比分析两个系统运行场景下目标函数仿真结果数据、园区能源供应优化方案仿真结果数据，验证了梯级利用结构形成后细分了电能、热能的不同用途，使得能源系统能够对热电联产设备进行更为灵活的调度与应用，降低了工业园区日运营费用。与此同时，碳税费用的显著降低也表明了能量梯级利用结构的使用能够削减工业园区用能过程中的二氧化碳排放量。

通过对两个系统运行场景下工业园区综合能源系统的一次能源利用效率进行计算，得出了梯级利用结构中注重热能的分品位利用以及低品位热能回收再利用，这些用能措施显著提升了一次能源的利用效率。此外，电能、热能梯级利用能源供应结构对不同来源的电能、热能的用途进行了更为明确地细分，使得多能系统可以配合电能、热能存储设备、多能源转换设备更为灵活地对热电联产设备进行优化调度，进而更加充分地发挥热电联产设备在电能、热能高效生产方面的优势。

通过对比、计算分析两个系统运行场景下的仿真优化结果数据，可验证计及能量梯级利用的工业综合能源系统多能协同优化模型所得出的优化运行方案可以全面提升工业园区综合能源系统的运行经济性、清洁性以及能源利用效率。

6 新兴信息化数据中心园区多能综合利用案例

6.1 案例背景

近年来，我国数据中心建设蓬勃发展，信息化园区是现代经济发展的重要组成部分，它们承载着大量的数字化数据和信息资源，并提供相应的技术支持和服务，传统工业园区通常以制造业和重工业为主，而信息化园区则着重于科技创新、数字化转型和知识经济的发展，信息化园区在引领经济结构转型和提升产业竞争力方面具有独特的意义。信息化园区集聚了大量的数据中心、办公楼和设备，其能源消耗量大，然而目前的信息化园区传统能源规划不够完善，能源效率仍有待提升。

以数据中心为核心的信息化园区应用推广规模在不断扩大，其能源需求也不断攀升：2019 年中国数据中心数量大约有 7.4 万个，大约能占全球数据中心总量的 23%，数据中心机架规模达到 227 万架。根据测算，如按照现有速度发展，数据中心能耗占全球能耗的比例，将从 2015 年的 0.9%上升到 2025 年的 4.5%，直至 2030 年的 8%。

因此，本章将以数据中心为核心负荷的新兴信息化工业园区为对象，进一步进行能量梯级利用供能结构的仿真实验，以验证能量梯级利用供能结构对发展中的工业园区，具有较强的普遍适用性。

本章考虑数据中心服务器电力负荷的服务器闲置空载状态耗能、服务器满载运算状态耗能以及服务器规模影响下的计算能力，对数据中心服务器电力负荷进行建模，调整园区内电、热能品位供给。沿用第 5 章工业园的部分数据，并考虑数据中心工业园区的分时电价、天然气价，燃气轮机参数、光伏出力，能源转换设备效率等主要能源设备参数，进行数据中心工业园区的能量梯级利用优化运行仿真实验。

最后本章将对比应用了能量梯级利用供应结构的场景 2 和未应用能量梯级利用的场景 1，通过场景能源品位分级以及能量梯级利用分析分析运行场景的燃料费用、设备运维成本、电网交易费用、碳税费用、日运行费用指标以及一次能源利用率。

6.2 新兴信息化数据中心园区优化模型

本节将对第 4 章所建立的数据中心模型进行进一步分析，其表达式为

$$\begin{aligned}&p_{\mathrm{dc,e}}(t)=p_{\mathrm{I}}+\mu_{\mathrm{dc}}(t)\left[p_{\mathrm{P}}-p_{\mathrm{I}}\right]\\&\mu_{\mathrm{dc,min}}=\frac{1}{\lambda_{\mathrm{delay,\ max}}}+\frac{1}{m}\\&0\leqslant\mu_{\mathrm{dc}}(t)\leqslant100\%\end{aligned}\tag{6-1}$$

对所述数据中心稳态运行模型进行建模考虑影响因素、模型数学性质分析，所形成的数据中心稳态运行模型特征分析画布见表 6-1。

表 6-1　数据中心稳态运行模型特征分析画布

稳态模型建模对象	模型主要考虑设备特征	模型数学性质
数据中心服务器电力负荷	1．服务器闲置空载状态耗能； 2．服务器满载运算状态耗能； 3．服务器规模影响下的计算能力	线性模型
	模型主要考虑负荷运行要求	
	服务器计算任务最大时间延迟要求	

在数据中心服务器电力负荷稳态模型构建过程中，本节案例考虑了服务器闲置空载状态耗能和满载运算状态耗能这两大主要运行状态产生的电能消耗情况。

而决定服务器在这两大耗能状态之间变化的原因是企业对数据服务器

计算任务最大时间延迟的要求，根据这个要求，数据中心充分考虑服务器规模影响下的计算能力，调控服务器的运行状态。充分考虑以上特征，本案例最终建立了描述数据中心稳态运行过程的线性模型。

面对以数据中心为主要负荷的园区，需要对园区包含负荷做出修改。对电能梯级利用供需平衡约束做出修改，即

$$\begin{cases} p_{e,gt}(t)+p_{eb}(t) \geqslant p_{dc,e}(t) \\ L_{e,dc}(t)+L_{e,mov}(t)+p_{dc,e}(t)+ \\ p_{e,input}(t)=p_{e,gt}(t)+p_{e,pv}(t)+p_{eb}(t) \end{cases} \tag{6-2}$$

在园区内，从电网的购买电能 $p_{eb}(t)$ 和燃气轮机的电能出力 $p_{e,gt}(t)$ 作为高品位电能供应给数据中心服务器电力负荷。在此前提下，与光伏电能出力 $p_{e,pv}(t)$ 一同满足园区内其他工作、生活电能需求，并转化为低一级的其他能源流。

对热能梯级利用供需平衡约束做出修改，即

$$\begin{cases} p_{h,gt,mid}(t) \geqslant L_{ACL,h}(t)+p_{steam,middle}(t) \\ p_{h,gt,mid}(t)-L_{ACL,h}(t)-p_{steam,middle}(t)+p_{h,gt,low}(t)+ \\ p_{steam,low}(t)+p_{h,output}(t)=L_h(t)+p_{h,input}(t) \end{cases} \tag{6-3}$$

在热能能流角度，由燃气轮机所产生的中品位热能优先保证数据中心的建筑物温控负荷热能需求以及园区内其他中品位热能需求。在此前提下，中品位热能与低品位热能一同满足园区内其他热能负荷，同时转化为冷能的能源流。

对冷能梯级利用供需平衡约束做出修改，即

$$p_{c,output}(t)=L_c(t)+L_{ACL,c}(t) \tag{6-4}$$

冷能主要满足数据中心的建筑物温控负荷冷能需求以及其他冷能负荷。

综合以上修改内容，形成数据中心园区优化模型组成分析见表 6-2。

表 6-2　　数据中心园区优化模型组成分析

<table>
<tr><th>目标函数分析</th><th>设备建模约束条件分析</th><th>模型数学性质</th></tr>
<tr><td rowspan="3">目标函数如式（4-19）所示：
1．园区购入天然气、电能成本费用：能源购入量与能源价格乘积，为线性表达式；
2．园区应用所建设配置能源设备进行多种能源的生产、转换过程中所产生的设备运行、维护成本：能源设备出力乘能源设备运行维护单位价格，为线性表达式；
3．园区能源利用过程中二氧化碳排放被征收的碳税费用：工业园区运营二氧化碳排放量乘单位碳税费用，为线性表达式</td><td>1.燃气轮机分品位出力稳态运行约束，含有启停状态整数变量，见式（4-1）；
2．分布式光伏运行线性约束，见式（4-3）；
3．能源转换设备运行线性约束，见式（4-6）；
4．高品位、中品位能源利用回收运行约束，见式（4-11）</td><td>混合整数线性优化模型：其中整数变量来自燃气轮机启停状态变量</td></tr>
<tr><th>负荷模型分析</th><th>供需平衡约束分析</th></tr>
<tr><td>1．工业园区电能弹性负荷线性模型，见式（4-7）；
2．工业园区数据中心用电负荷线性模型，见式（4-9）；
3．工业园区空调负荷稳态线性模型，见式（4-10）</td><td>1．工业园区电能能量梯级利用线性约束，见式（6-2）；
2．工业园区热能能源梯级利用、电能与热能能源转换梯级利用线性约束，见式（6-3）；
3．工业园区冷能以及电能、热能、冷能能源转换梯级利用线性约束，见式（6-4）</td></tr>
<tr><th colspan="3">优化变量组成</th></tr>
<tr><td colspan="3">1．燃气轮机、分布式光伏、吸收式制冷机、电制冷机、热泵出力；
2．燃气轮机启停状态；
3．建筑物室内空调设定温度；
4．电能弹性负荷调节量</td></tr>
</table>

结表 6-2，为进一步验证能量梯级利用供能结构的应用对于数据中心园区综合能源系统经济性、用能清洁性以及用能效率的提升，本案例沿用先前思路，设置两个数据中心园区综合能源系统典型运行场景进行对比分析。

场景 1：无能量梯级利用的数据中心园区综合能源系统，采用综合能源系统对园区进行能源供应，但不考虑电能、热能分品位供应，仅仅统一分配能量，依据能量购入以及生产输出量满足能源需求量的原则来满足冷、热、电需求。

场景 2：能量梯级利用的数据中心园区综合能源系统，采用综合能源系统对园区进行能源供应，考虑品位对口的梯级利用供能结构来满足园区冷、热、电需求。

在两个场景下，利用所形成 Yalmip+Gurobi 联合求解方案对所形成多能协同模型进行求解，园区参数设置以及所得优化结果将在下一节进行阐述。

6.3 案例仿真实证分析

6.3.1 仿真数据与场景设定

本案例沿用了第 5 章工业园区的部分仿真数据，进行数据中心工业园区的能量梯级利用优化运行仿真实验。数据中心园区建筑物参数见表 6-3。

表 6-3 数据中心园区建筑物参数

建筑物	S_{wall}/m²	S_{win}/m²	k_{wall}/[W/(m²·K)]	k_{win}/[W/(m²·K)]	T_{comf}/℃	可接受温度范围/℃
数据中心办公楼	9400	4400	0.92	2.7	22.5	20~27

园区运行的典型气候数据沿用图 5-1 所示数据。

数据中心园区内所配置主要能源设备及其运行参数见表 6-4。

表 6-4 数据中心园区主要能源设备及其运行参数

参数类别	数值	
电价/元/（kW·h）	0:00~8:00	0.364（谷时电价）
	12:00~17:00, 21:00~24:00	0.854（平时电价）
	8:00~12:00,17:00~21:00	1.300（峰时电价）
天然气价/元/（kW·h）	0.349	
燃气轮机	$a_{1,gt}$/ $a_{2,gt}$	2.5/56
	$\eta_{h,g,mid}$/ $\eta_{h,g,low}$	0.9/4.5
	出力上限/下限/kW	2500/900
	出力爬坡率/（kW/min）	30
光伏出力上/下限/kW	400/0	
能量转换设备效率	电制冷机	1.8
	吸收式制冷机	3.6
	热泵	4.3

依表 6-4 所示能源设备配置情况，各种能源设备的运维费用与表 5-4 中

参数保持一致。在数据中心园区中，用于执行数据分析以及大规模计算任务的服务器是主要用电负荷，基于主流应用服务器的实际参数，在前述仿真算例的基础上进一步扩大服务器规模，数据中心园区仿真场景下服务器主要参数见表 6-5。

表 6-5　数据中心园区仿真场景下服务器主要参数

数据类别	p_{I}/kW	p_{P}/kW	m/台
数值	450	750	2000
数据类别	$\lambda_{\mathrm{delay,max}}$/s		
数值	2		

数据中心园区典型日负荷曲线如图 6-1 所示。

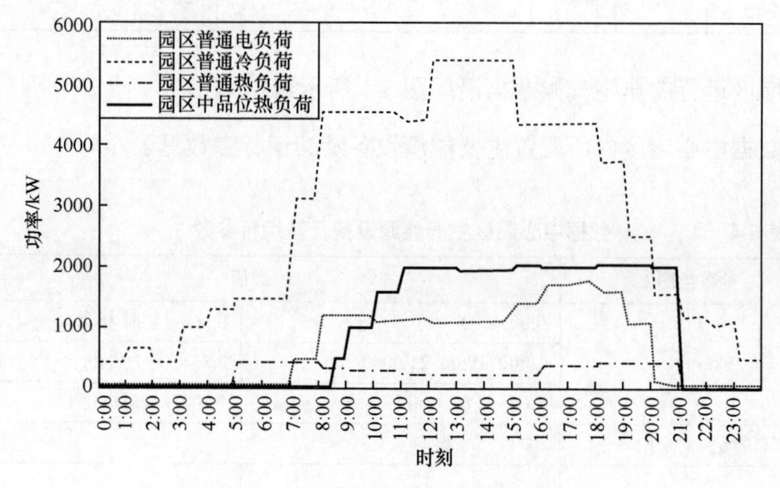

图 6-1　数据中心园区典型日负荷曲线

基于以上仿真数据进行考虑能量梯级利用的数据中心园区综合能源系统仿真运行实验，下面将对所得优化结果进行全面分析。

6.3.2 仿真结果分析与总结

基于所述数据中心园区综合能源系统建筑物参数、气候参数以及能源设备参数、能源价格、能源设备单位应用运行费用和单位碳税价格，依照所设置的两个场景的能源供应结构进行仿真实证，各方式下模型目标函数仿真结果如表 6-6 所示。

表 6-6　　各方式下模型目标函数仿真结果

运行场景	燃料费用/元	设备运维成本/元	电网交易费用/元	碳税费用/元	日运行总费用/元
场景 1	32918.01	1140.70	10780.22	7751.12	52590.05
场景 2	30971.63	1093.24	11338.88	6379.23	49832.98

对比应用了能量梯级利用供应结构的场景 2 和未应用能量梯级利用的场景 1，由于数据中心园区内数据中心服务器及相关办公设施均需要高量级的高品位、中品位电能，同时数据中心所在建筑也需要中品位热能进行温度控制，因此会产生较高的燃料费用和电网交易费用。但是，由于能源的梯级利用，尤其是建筑物的中品位热能经过余热回收后能够产生低品位热能为其他普通热负荷进行供能，显著提升了系统的能源利用效率，因此场景 2 的燃料费用、设备运维费用和电网交易费用从总体上低于场景 1。

与此同时，由于仿真实验中数据中心园区实施能量的梯级利用以及高、中品位热能回收再利用等高效供能手段，降低了综合能源系统对天然气能源的需求量，从而降低了系统的碳排放，进而体现在综合能源系统碳税费用的削减上。场景 2 的碳税费用为 6379.23 元，与场景 1 相比降低了 17.70%。

从总体上来看，场景 2 的日运行总费用为 49832.98 元，场景 1 为 52590.05 元。与场景 1 相比，应用能量梯级利用供能结构后，日运行费用削减了 5.24%。结果表明，在当前蓬勃发展的数据中心园区中进行能量梯级利用，能够在保证数据中心服务器电能质量需求、数据中心建筑物温控热能质量需求的前提下，提升能源利用效率，提升园区运营经济性与低碳性。

在分析数据中心园区优化调度目标函数结果的基础上，进一步依据前述综合能源系统一次能源利用效率指标计算方法，进行能源利用效率的优化分析。两个仿真运行场景下的一次能源利用效率优化结果见表 6-7。

表 6-7　各仿真运行场景下的数据中心园区一次能源利用效率优化结果

运行场景	场景 1	场景 2
K_{EF}×100%	93.11%	99.32%

仿真结果进一步证明，在数据中心园区中，能量梯级利用结构的应用同样可以通过多能源流分梯级转换、高品位与中品位能源回收再利用进一步提升综合能源建筑的能源利用效率。无论是对于发展中的传统工业园区，还是新兴的信息化园区，考虑能量梯级利用的综合能源系统供能策略与供能架构均具有广泛的适用性。

本章小结

本章以新兴信息化工业园区为对象，考虑以数据中心为核心的新兴信息化工业园区的热、电需求品位，调整新兴信息化工业园区的电、热品位供给，对新兴信息化工业园区进行多能协同优化模型构建。基于提出的计及能量梯级利用的多能协同优化模型求解算法，本章设计了无能量梯级利用的数据中心园区综合能源系统和能量梯级利用的数据中心园区综合能源系统两个对比场景，进一步验证所提出多能协同优化模型的有效性。仿真应用实证环节沿用结合了传统工业园区的实际建筑物数据、能源设备参数、新增了数据中心园区服务器主要参数、园区建筑物温度调节范围负荷数据。

通过对比分析两个系统运行场景下的目标函数仿真结果数据和园区能源供应优化方案仿真结果数据，验证了梯级利用结构形成后细分了电能、热能的不同用途，使得能源系统能够对热电联产设备进行更为灵活的调度，进行更为灵活的应用，降低了工业园区日运营费用。与此同时，碳税费用的显著降低也表明了能量梯级利用结构的使用能够削减新兴信息化工业园区用能过程中的二氧化碳排放量。

通过对两个系统运行场景下新兴信息化工业园区综合能源系统的一次能源利用效率进行计算，对比可得出在数据中心园区中，能量梯级利用结构的应用同样可以通过多能源流分梯级转换、高品位与中品位能源回收再利用进一步提升综合能源建筑的能源利用效率。

通过对比、计算分析两个系统运行场景下的仿真优化结果数据，可验证计及能量梯级利用的工业综合能源系统多能协同优化模型，应用于以数据中心为核心的新兴信息化工业园区所得出的优化运行方案，同样可全面提升工业园区综合能源系统的运行经济性、清洁性以及能源利用效率。

总结与展望

工业园区是当前综合能源系统项目的主要推广应用对象。在传统用供能结构下，工业园区存在能源应用低能效、高耗能、高排放的问题。综合能源系统则可以通过能源转换、互补互济，经济、灵活地满足工业园区内多样、高量级的能源负荷。

但是，已有的综合能源系统对用户侧的能源特异性需求并未做深入了解，在多能联产设备产出热、电等能源后，大多笼统地将能源以量级需求调控供应。在能源供应过程中，不对能源品位、质量加以了解并运用，造成了优质能源的浪费，极大地限制了综合能源系统经济、高效供能的优势。

本书在已有综合能源系统的研究和实践基础上，对工业园区综合能源系统的供需双侧进行了深入分析，将能量梯级利用理论应用于工业园区综合能源系统，所建立的能量梯级利用供能结构实现了由“保证能源供应量”向“保证能源供应质与量”的转变，进一步提升了工业园区内能源系统的运行经济性。

本书的主要内容概括如下。

一、多种类能源品位划分机制建立

以能源利用高效性、可靠性为评估划分总体立足点，遵循着 SMART 法则，针对天然气、电能、热能等能量的不同特性，建立了不同的品位划分指标体系。在天然气品位划分方面，将备受关注的天然气发热值作为评价重点，兼顾关系到供能可靠性的硫化物指标，并且引入了近年来逐渐受重视的二氧化碳和氧气含量，构建了天然气品位划分指标体系。在电能品位划分方面，将电能供应的可靠性、稳定性作为评价重点，选取了频率偏差、电压谐波畸变率、电压波动、电压偏差和三相电压不平衡度5项指标。对于热能品位划分，则沿用最为成熟的热能温度划分指标，明确间接地量化单位能量所具有可用能的比例。电、热、天然气品位评估各具侧重点，形成了完整的多种能源品位划分指标体系。进一步利用AHP-TOPSIS评估算法，通过客观比较评估对象的实际情况，从评估对象的指标值中选取最优和最劣情况，得出评估对象的品位高低。

二、考虑能量梯级利用的工业综合能源系统优化的运行策略阐述

结合对工业园区内主要电、热能源的品位划分结果，本书最终遵循“品位对口，梯级利用”的原则，形成了考虑工业园区内电子制造业、金属加工业、纺织业、非金属加工业、商业及数据中心6类用户需求的能量梯级利用供能策略。该供能策略立足于天然气、电能、热能、冷能依次降序的综合能源能量梯级利用总体结构，着重将高品位能源用于重要需求，利用低品位能源满足园区内高额的普通能源需求，达到经济、高效、可靠用能，为工业园区综合能源系统的多能协同优化算法提出奠定理论基础。

三、计及能量梯级利用的工业综合能源系统多能协同优化模型建立

以工业园区综合能源系统运行经济性、清洁性最优建立了优化调度目标，并结合园区内能源设备、能源负荷特性建立了运行模型。进一步以能量梯级利用运行策略为依据，建立了能量梯级利用优化运行约束，最终形成了计及能量梯级利用的工业综合能源系统多能协同优化模型。结合对当下先进求解算法的求解机理分析进行算法改进，最终形成的工业综合能源系统多能协同优化模型为混合整数线性优化模型，普遍适用于当下多种先进求解方法。

进一步结合工业园区的实际参数与负荷数据进行仿真实证，通过对比分析验证了计及能量梯级利用的工业综合能源系统多能协同优化模型所得出的优化运行方案可以全面提升工业园区综合能源系统的运行经济性、清洁性以及能源利用效率。

本书阐述的能量梯级利用的工业综合能源系统优化的运行策略全面提升了工业园区综合能源系统的运行经济性、清洁性以及能源利用效率。但该能源系统仍不够完善，需要进一步地优化设计，本书对能量梯级利用的工业综合能源系统的展望在以下相关领域开展，主要包括：

一、充分发挥电能用途广泛的载体优势，构建电力主导的综合能源系统运营体系

当前天然气等化石能源由于碳排放的问题，在能源供应过程中被要求回归基础产能角色，限制其广泛应用。而热能由于供应范围小、用途有限，也难以在综合能源系统中占据主导位置。而电能直接应用和转换应用均具有广泛用途，且可以实现大范围供应，在能源供应范围和能源应用领域方面均具有极强优势。因此，在综合能源系统中，应当深入“源—网—储”相关技术研发，提升电能供应质量，充分发挥电能的多方优势，巩固电能在综合能源系统中的主导地位，为电力企业广泛开展综合能源业务奠定基础。

二、深入分析用户需求，实现能源服务精益化

智能量测设备在电力系统中的广泛应用为电力企业获取海量用户侧数据提供了便捷条件。本书基于当下成熟的大数据聚类削减算法，利用用户侧数据对工业园区内主要的用户群体进行了划分，并对其用能规律、能量需求进行了分析。未来可在此基础上进一步拓展，为全面地对用户进行“用户画像”工作，更为精准地进行工业园区综合能源系统供能结构设计和综合能源服务设计与实施提供可靠依据。

三、深入分析工业园区综合能源系统供需双侧资源变化，实现优化调度建模精细化

近年来，多种技术、资源应用于综合能源系统供需双侧，使得供需侧地位、角色发生了明显变化。供应侧不再是能源的唯一供应者，需求侧也不再是单纯的能源接收者、消费者，而是逐步承担起了能源生产者的任务。本书建立计及能量梯级利用的工业综合能源系统多能协同优化模型时，也一定程度上考虑了这些变化，进行了弹性负荷和可调负荷建模以及能量梯级利用供能架构建模。在日后的课题研究中，应进一步精细建模刻画供需侧的需求响应过程，实现更为经济、清洁、高效且具用户互动性的综合能源系统调控管理。

参考文献

[1] 王英瑞，曾博，郭经，等. 电—热—气综合能源系统多能流计算方法[J]. 电网技术，2016，40（10）：2942-2950.

[2] 付学谦，孙宏斌，郭庆来，等. 能源互联网供能质量综合评估[J]. 电力自动化设备，2016，36（10）：1-7.

[3] 王进，李欣然，杨洪明，等. 与电力系统协同区域型分布式冷热电联供能源系统集成方案[J]. 电力系统自动化，2014，38（16）：16-21.

[4] 王珺，顾伟，陆帅，等. 结合热网模型的多区域综合能源系统协同规划[J]. 电力系统自动化，2016，40（15）：17-24.

[5] 郭宇航，胡博，万凌云，等. 含热泵的热电联产型微电网短期最优经济运行[J]. 电力系统自动化，2015（14）：16-22.

[6] 吕泉，陈天佑，王海霞，等. 含储热的电力系统电热综合调度模型[J]. 电力自动化设备，2014，34（5）：79-85.

[7] 徐青山，曾艾东，王凯，等. 基于Hessian内点法的微型能源网日前冷热电联供经济优化调度[J]. 电网技术，2016，40（6）：1657-1665.

[8] 姜子卿，郝然，艾芊. 基于冷热电多能互补的工业园区互动机制研究[J]. 电力自动化设备，2017，37（6）：260-267.

[9] 郑国光. 对哥本哈根气候变化大会之后我国应对气候变化新形势和新任务的思考[J]. 气候变化研究进展，2010，6（02）：79-82.

[10] 张丽艳，陈映月，韩正庆.基于改进聚类方式的牵引负荷分类方法[J].西南交通大学

学报，2020，55（01）：27-33+40.

[11] 何哲楠，吴浩，程祥，占震滨，孙维真.基于变电站—用户双层结构的变电站负荷聚类研究[J]. 电网技术，2019，43（08）：2983-2991.

[12] Davarzani S，Pisica I，Taylor G A. Study of missing meter data impact on domestic load profiles clustering and characterization[C]. Coimbra：51st International Universities Power Engineering Conference，IET Technical Sponsorship，2016.

[13] Koivisto M，Heine P，Mellin I et al. Clustering of connection points and load modeling in distribution systems[J]. IEEE Transactions on Power Systems，2013，28（2）：1255-1265.

[14] Varga E D，Beretka S F，Noce C et al. Robust real-time load profile encoding and classification framework for efficient power systems operation[J].IEEE Transactions on Power Systems，2015，30（4）：1897-1904.

[15] Al-Otaibi R，Jin N，Wilcox T et al. Feature construction and calibration for clustering daily loadcurves from smart-meter data[J]. IEEE Transactions on Industrial Informatics，2016，12（2）645-654.

[16] Wijaya T K，Vasirani M，Humeau S et al. Cluster-based aggregate forecasting for residential electricity demand using smart meter data[C]. Santa Clara：IEEE International Conference on Big Data，IEEE，2015.

[17] 杨德昌，赵肖余，何绍文，等. 面向海量用户用电数据的集成负荷预测[J]. 电网技术，2018，42（9）：2923-2929.

[18] 王安琪，王强，施恂山. 基于大数据的错峰用电管理系统设计[J]. 科技通报，2018，34（7）：211-214.

[19] 曹梦，刘宝成，何金，等. 基于前趋势相似度的细粒度用户用电负荷预测[J]. 计算机应用与软件，2018，35（7）：158-164.

[20] 杨德昌，赵肖余，何绍文，等. 面向海量用户用电数据的集成负荷预测[J]. 电网技术，2018，42（9）：2923-2929.

[21] 孙毅，裴俊亦，崔高颖. 基于粒子群寻优的家电负荷有序使用策略研究[J]. 电力科学与技术学报，2018，33（2）：20-26.

[22] 于慎航，孙莹，牛晓娜，等. 基于分布式可再生能源发电的能源互联网系统[J]. 电力自动化设备，2010，30（5）：104-108. YU Shenhang，SUN Ying，NIU Xiaona，et al. Energy internet system based on distributed renewable energy generation[J]. Elec-tric Power Automation Equipment，2010，30（5）：104-108.

[23] 周海明，刘广一，刘超群. 能源互联网技术框架研究[J]. 中国电力，2014，47（11）：140-144. ZHOU Haiming，LIU Guangyi，LIU Chaoqun. Study on the energy internet technology framework[J]. Electric Power，2014，47（11）：140-144.

[24] 田世明，栾文鹏，张东霞，等. 能源互联网技术形态与关键技术[J]. 中国电机工程学报，2015，35（14）：3482-3494. TIAN Shiming，LUAN Wenpeng，ZHNAG Dongxia，et al. Techni-cal forms and key technologies on energy internet[J]. Proceedings of the CSEE，2015，35（14）：3482-3494.